半导体激光器理论基础

杜宝勋　著

高功率半导体激光国家重点实验室

U0209260

科　学　出　版　社

北　京

内 容 简 介

　　本书针对半导体激光器,强调其理论基础和理论的系统性.主要内容包括:光增益理论、光波导理论、谐振腔理论、半导体发光、速率方程分析和典型半导体激光器的理论.

　　本书可以作为光电子专业研究生课程的试用教材,也可以供相关专业的教师和科技人员参考.

图书在版编目(CIP)数据

半导体激光器理论基础/杜宝勋著. —北京:科学出版社,2011
ISBN 978-7-03-029281-0

I. 半… II. ①杜… III. ①半导体激光器 IV. ①TN248.4

中国版本图书馆CIP数据核字(2010)第203524号

责任编辑:张　静/责任校对:鲁　素
责任印制:徐晓晨/封面设计:王　浩

科 学 出 版 社 出版
北京东黄城根北街16号
邮政编码:100717
http://www.sciencep.com

北京虎彩文化传播有限公司 印刷
科学出版社发行　各地新华书店经销
*
2011年1月第　一　版　　开本:B5(720×1000)
2019年1月第四次印刷　　印张:12 1/4
字数:234 000
定价:79.00元
(如有印装质量问题,我社负责调换)

前　　言

在 2002 年后，本人应邀为长春理工大学和长春光学精密机械与物理研究所的研究生班讲课，讲授《半导体激光器理论基础》，使用的主要参考书是《半导体激光器原理》(兵器工业出版社，2001 年版和 2004 年修订版). 在 2001 年长春光谷会议期间，为了培养高技术人才和发展光电子产业，吉林大学高鼎三院士和中国科学院半导体研究所王启明院士先后推荐这本书作为研究生课程的试用教材，并曾分别为该书题词和写序. 该书是为高功率半导体激光国家重点实验室写的讲义，尚不完全适用于研究生班. 在讲课过程中，还发现了一些错误和不妥之处. 现在，结合讲课的经验，将该书改写为《半导体激光器理论基础》，内容增删很多，章节变化很大，旨在强调理论基础和理论的系统性.

激光器是光振荡器，是由光放大器和谐振腔组成的. 图 0.1 所示的双异质结构 (DH) 是典型半导体激光器芯片的理论模型，其中宽带隙的 N 型和 P 型半导体层夹着窄带隙的本征半导体层. 窄带隙的半导体层是光增益介质，也就是放大器.

对于载流子，DH 具有载流子注入和载流子限制效应. N 型和 P 型半导体分别将电子和空穴注入到本征半导体内，两种载流子在这里复合发光，因光子受激发射而产生光放大. 因此，本征半导体层是有源层，而 N 型和 P 型半导体层是注入层. 同时，P 型和 N 型半导体分别提供的电子势垒和空穴势垒将注入的载流子限制在有源层内，这是载流子限制. 载流子限制提高了载流子注入效率. 因此，注入层也称为限制层.

图 0.1　典型半导体激光器芯片的理论模型——双异质结构（DH）

另一方面，对于光波，DH 具有光波导效应，即光限制效应. 由于窄带隙半导体的折射率大于宽带隙半导体的折射率，光波被限制在有源层内，这是光限制. 光限制加强了光波与有源层的耦合. 因此，有源层也称为芯层，而限制层也称为包层.

此外，DH 的两个平行的垂直于有源层的端面，或两个平行的平行于有源层的表面，构成了法布里-珀罗(F-P)谐振腔. 前者是端面出光的长度很大的水平谐振腔，后者是表面出光的长度很小的垂直谐振腔.

总之，DH 是光放大器和谐振腔一体化的结构，它还具有载流子限制效应和光限制效应. 因此，对于半导体激光器，我们必须首先精通载流子注入、载流子限制、光增益、光波导、谐振腔等基础理论，然后才能解决器件分析和器件设计问题. 本书的内容正是这样安排的. 全书分为 7 章 24 节，在 40~50 学时内讲完. 由于课时和篇幅的限制，本书尽量压缩定性的文字描述，而尽量采用定量的数学分析. 当然，在讲课时，必须深入浅出，把物理模型和因果关系解释清楚，保证工科学生能够理解.

对物理问题的讨论，尽量采用数学分析表达式，以便读者深化对物理概念的理解，有利于收到举一反三和触类旁通的教学效果. 这是著者的风格. 王启明先生在《半导体激光器原理》的序言中向读者介绍了这种风格.

在本书出版之际，著者感谢北京大学物理学院虞丽生教授，她向科学出版社推荐出版本书. 还要感谢高功率半导体激光国家重点实验室主任刘国军教授和长春理工大学学术委员会主任姜会林教授，他们在百忙中对著者和本书鼎力相助.

最后，欢迎读者提出批评和建议.

著　者

2010 年 5 月，北京

目　　录

第1章　光增益经典理论

1.1　电　磁　波

光波的本质是电磁波. 在电磁光学理论中, 光波由两个相关的矢量波函数 $E(r, t)$ 和 $H(r, t)$ 来描述, E 是电场, H 是磁场, r 和 t 分别是空间变量和时间变量. 将波矢记作 k, E、H 和 k 相互垂直, 与右旋直角坐标系一致. 平面波的电场和磁场如图 1.1 所示.

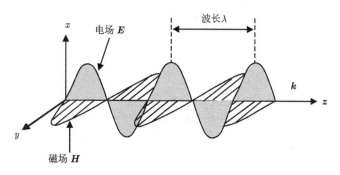

图 1.1　平面波的电场和磁场

1.1.1　波动方程

在共振介质中, E 和 H 满足麦克斯韦方程:

$$\nabla \times E = -\mu_0 \frac{\partial}{\partial t} H \tag{1.1}$$

$$\nabla \times H = \varepsilon_0 (\varepsilon + \tilde{\chi}) \frac{\partial}{\partial t} E \tag{1.2}$$

$$\nabla \cdot E = 0 \tag{1.3}$$

$$\nabla \cdot H = 0 \tag{1.4}$$

其中 μ_0 和 ε_0 分别是真空的磁导率和电容率, ε 和 $\tilde{\chi}$ 分别是介质的介电常数和复电极化率. 由 (1.1) 式得到:

$$\nabla \times \nabla \times \boldsymbol{E} = \nabla(\nabla \cdot \boldsymbol{E}) - \nabla^2 \boldsymbol{E}$$
$$= -\mu_0 \frac{\partial}{\partial t}(\nabla \times \boldsymbol{H}) \qquad (1.5)$$

将(1.2)和(1.3)式代入(1.5)式中，求出电场的波动方程：

$$\nabla^2 \boldsymbol{E} - \mu_0 \varepsilon_0 (\varepsilon + \tilde{\chi}) \frac{\partial^2}{\partial t^2} \boldsymbol{E} = 0 \qquad (1.6)$$

由(1.2)式得到：

$$\nabla \times \nabla \times \boldsymbol{H} = \nabla(\nabla \cdot \boldsymbol{H}) - \nabla^2 \boldsymbol{H}$$
$$= \varepsilon_0 (\varepsilon + \tilde{\chi}) \frac{\partial}{\partial t}(\nabla \times \boldsymbol{E}) \qquad (1.7)$$

将(1.1)和(1.4)式代入(1.7)式中，求出磁场的波动方程：

$$\nabla^2 \boldsymbol{H} - \mu_0 \varepsilon_0 (\varepsilon + \tilde{\chi}) \frac{\partial^2}{\partial t^2} \boldsymbol{H} = 0 \qquad (1.8)$$

(1.6)和(1.8)式表明，电场的波动方程和磁场的波动方程在形式上是完全相同的. $\boldsymbol{E}$ 和 $\boldsymbol{H}$ 各有 3 个分量，这 6 个分量均满足波动方程：

$$\nabla^2 \lambda - \mu_0 \varepsilon_0 (\varepsilon + \tilde{\chi}) \frac{\partial^2}{\partial t^2} \lambda = 0 \qquad (1.9)$$

其中 λ 代表任何一个分量.

1.1.2 光学常数

经典波动方程是：

$$\nabla^2 \lambda - \left(\frac{\tilde{n}}{c}\right)^2 \frac{\partial^2}{\partial t^2} \lambda = 0 \qquad (1.10)$$

其中 c 是真空的光速，$\tilde{n}$ 是介质的复折射率.

由(1.9)和(1.10)式求出：

$$c = \frac{1}{\sqrt{\mu_0 \varepsilon_0}} \qquad (1.11)$$

$$\tilde{n}^2 = \varepsilon + \tilde{\chi} \qquad (1.12)$$

将 $\tilde{n}$ 和 $\tilde{\chi}$ 分别写作:

$$\tilde{n} = n - \mathrm{i}n' \tag{1.13}$$

$$\tilde{\chi} = \chi - \mathrm{i}\chi' \tag{1.14}$$

n 和 χ 分别称为折射率和电极化率, n' 和 χ' 均表示光吸收.

将(1.13)和(1.14)式代入(1.12)式中求出:

$$n = \sqrt{\varepsilon} + \frac{\chi}{2\sqrt{\varepsilon}} \tag{1.15}$$

$$n' = \frac{\chi'}{2\sqrt{\varepsilon}} \tag{1.16}$$

注意, 在以后的分析和计算中, 我们取近似:

$$n = \sqrt{\varepsilon} \tag{1.17}$$

$$n' = \frac{\chi'}{2n} \tag{1.18}$$

1.1.3 平面波

令
$$\lambda(\boldsymbol{r} \cdot t) = \varphi(\boldsymbol{r})\mathrm{e}^{\mathrm{i}\omega t} \tag{1.19}$$

其中 ω 是圆频率, 以后简称为频率. 将(1.19)式代入(1.10)式中, 得到亥姆霍兹方程:

$$\nabla^2 \varphi(\boldsymbol{r}) + \tilde{k}^2 \varphi(\boldsymbol{r}) = 0 \tag{1.20}$$

其中
$$\tilde{k} = k_0 \tilde{n} \tag{1.21}$$

$$k_0 = \frac{\omega}{c} \tag{1.22}$$

k_0 是真空的波数, $\tilde{k}$ 是介质的复波数.

将 $\tilde{k}$ 写作:

$$\tilde{k} = k - \mathrm{i}k' \tag{1.23}$$

k 是介质的波数, k' 表示光吸收.

由(1.13), (1.21)和(1.23)式求出:

$$k = k_0 n \tag{1.24}$$

$$k' = k_0 n' \tag{1.25}$$

(1.20)式的平面波解是:

$$\begin{aligned}\varphi(\boldsymbol{r}) &= \lambda_0 e^{-\boldsymbol{k}'\cdot\boldsymbol{r}} e^{-i\boldsymbol{k}\cdot\boldsymbol{r}}\\&= \lambda_0 e^{-k'z} e^{-ikz}\end{aligned} \tag{1.26}$$

代入(1.19)式中求出:

$$\begin{aligned}\lambda(\boldsymbol{r}\cdot t) &= \lambda_0 e^{-k'z} e^{i(\omega t - kz)}\\&= \lambda_0 e^{-k'z}\cos(\omega t - kz)\end{aligned} \tag{1.27}$$

注意, 这里的波函数只取实部(下同), 因为虚部没有物理意义.

1.1.4 光强度

坡印亭矢量是:

$$\boldsymbol{P} = \boldsymbol{E}\times\boldsymbol{H} \tag{1.28}$$

其方向和幅度分别表示光波的传播方向和功率密度. 光强度是功率密度对时间取平均值, 写作:

$$I = \frac{1}{2}\mathrm{Re}[H^* E] \tag{1.29}$$

根据(1.27)式写出:

$$E = E_0 e^{-k'z} e^{i(\omega t - kz)} \tag{1.30}$$

$$H = H_0 e^{-k'z} e^{i(\omega t - kz)} \tag{1.31}$$

代入(1.1)式中求出:

$$\frac{H_0}{E_0} = \frac{k}{\omega\mu_0} = nc\varepsilon_0 \tag{1.32}$$

将(1.30)和(1.31)式代入(1.29)式中求出:

$$I(z) = \frac{1}{2}E_0 H_0 e^{-\alpha z} \tag{1.33}$$

其中 $$\alpha = 2k' = 2k_0 n' \tag{1.34}$$

α 是介质的光吸收系数.

由 (1.18) 和 (1.34) 式求出:

$$\alpha = k_0 \frac{\chi'}{n} \tag{1.35}$$

由 (1.32) 和 (1.33) 式求出:

$$E_0{}^2 = 2I(0)/(cn\varepsilon_0) \tag{1.36}$$

1.1.5　相速度和群速度

前面讲的是单色波, 而理想的单色波是不存在的. 实际上, ω 总有一定的宽度, k 也总有一定的宽度.

我们考虑 $\alpha = 0$ 的介质. 若将光波视为由振幅相同而频率和波数分别为 $\omega \pm \Delta\omega$ 和 $k \pm \Delta k$ 的两个平面波组成的波群, 则根据 (1.27) 式写出:

$$\begin{aligned} \lambda &= \frac{1}{2}\lambda_0 \left\{ \mathrm{e}^{\mathrm{i}[(\omega+\Delta\omega)t-(k+\Delta k)z]} + \mathrm{e}^{\mathrm{i}[(\omega-\Delta\omega)t-(k-\Delta k)z]} \right\} \\ &= \lambda_0 \cos(\Delta\omega t - \Delta k z)\mathrm{e}^{\mathrm{i}(\omega t - kz)} \end{aligned} \tag{1.37}$$

根据 (1.37) 式, 写出等相位面方程和等能量面方程:

$$\Phi = \omega t - kz = 常数 \tag{1.38}$$

$$\overline{\Phi} = \Delta\omega t - \Delta k z = 常数 \tag{1.39}$$

由 (1.38) 式得到:

$$\frac{\mathrm{d}\Phi}{\mathrm{d}t} = \omega - k\frac{\mathrm{d}z}{\mathrm{d}t} = 0 \tag{1.40}$$

因此 $$v = \frac{\mathrm{d}z}{\mathrm{d}t} = \frac{\omega}{k} \tag{1.41}$$

v 是光波的相位或波面沿 z 方向传播的速度, 简称相速度. 由 (1.22), (1.24) 和 (1.41) 式求出:

$$v = \frac{c}{n} \tag{1.42}$$

由(1.39)式得到:

$$\frac{\mathrm{d}\overline{\Phi}}{\mathrm{d}t} = \Delta\omega - \Delta k\frac{\mathrm{d}z}{\mathrm{d}t} = 0 \tag{1.43}$$

因此

$$\overline{v} = \frac{\mathrm{d}z}{\mathrm{d}t} = \frac{\Delta\omega}{\Delta k} = \frac{\mathrm{d}\omega}{\mathrm{d}k} \tag{1.44}$$

$\overline{v}$ 是光波的能量或波群沿 z 方向传播的速度，简称群速度.

若 n 是 ω 的函数，则由(1.22)，(1.24)和(1.44)求出:

$$\overline{v} = \frac{c}{\overline{n}} \tag{1.45}$$

其中

$$\overline{n} = n + \frac{\mathrm{d}n}{\mathrm{d}\omega}\omega \tag{1.46}$$

这里，将 n 和 $\overline{n}$ 分别称为相折射率和群折射率.

注意，在以后的分析和计算中，我们取近似:

$$\overline{v} = v \tag{1.47}$$

$$\overline{n} = n \tag{1.48}$$

1.2   介质电极化

就晶格原子的电极化而言，洛伦茨的电偶极子模型是一个形象的简单正确的模型，如图 1.2 所示.

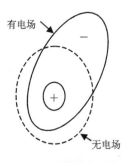

图 1.2   原子电极化的示意图

在电磁波内，电场能量比磁场能量高两个量级以上. 因此，只考虑电场对电子的作用，而磁场对电子的作用可以忽略. 电场的作用造成原子内的束缚电子产生位移, 形成了电偶极子, 这就是原子的电极化.

1.2.1　洛伦茨模型

电场对电子的作用存在于原子内部, 而原子的线度比光波的波长小三个量级以上. 因此, (1.30)式简化为:

$$E = E_0 \mathrm{e}^{\mathrm{i}\omega t} \tag{1.49}$$

将原子内的束缚电子视为阻尼振子, 讨论它在电场作用下的受迫振荡, 束缚电子的运动方程是牛顿方程:

$$m\frac{\mathrm{d}^2 r}{\mathrm{d}t^2} = F_{\mathrm{e}} + F_{\mathrm{r}} + F_{\mathrm{d}} \tag{1.50}$$

其中 F_{e}、F_{r} 和 F_{d} 分别是作用在电子上的电场力、反弹力和阻尼力, m 是电子的质量, r 是电子沿电场方向的位移.

电场力是:

$$F_{\mathrm{e}} = -qE = -qE_0 \mathrm{e}^{\mathrm{i}\omega t} \tag{1.51}$$

其中 q 是电子的电荷.

反弹力正比于电子的位移, 阻尼力正比于电子的速度, 二者分别写作:

$$F_{\mathrm{r}} = -m\omega_0^2 r \tag{1.52}$$

$$F_{\mathrm{d}} = -m\gamma\frac{\mathrm{d}r}{\mathrm{d}t} \tag{1.53}$$

其中 ω_0 和 γ 分别是振子的本征频率和阻尼系数.

将(1.51), (1.52)和(1.53)式代入(1.50)式中得到:

$$\frac{\mathrm{d}^2}{\mathrm{d}t^2}r + \gamma\frac{\mathrm{d}r}{\mathrm{d}t} + \omega_0^2 r = \frac{q}{m}E_0 \mathrm{e}^{\mathrm{i}\omega t} \tag{1.54}$$

该式的解是:

$$r = -\frac{q}{m}\frac{E_0 \mathrm{e}^{\mathrm{i}\omega t}}{(\omega_0^2 - \omega^2) + \mathrm{i}\omega\gamma} \tag{1.55}$$

1.2.2　复电极化率

介质的复电极化强度是:

$$\tilde{P} = \tilde{\chi}\varepsilon_0 E = -qrNf \tag{1.56}$$

其中 N 是振子密度, f 是振子强度.

由(1.49), (1.55)和(1.56)式求出:

$$\tilde{\chi}(\omega) = \frac{q^2 Nf}{m\varepsilon_0} \frac{1}{(\omega_0{}^2 - \omega^2) + i\omega\gamma} \tag{1.57}$$

由(1.14)和(1.57)式求出:

$$\chi(\omega) = \frac{q^2 Nf}{m\varepsilon_0} \frac{\omega_0{}^2 - \omega^2}{(\omega_0{}^2 - \omega^2)^2 + (\omega\gamma)^2} \tag{1.58}$$

$$\chi'(\omega) = \frac{q^2 Nf}{m\varepsilon_0} \frac{\omega\gamma}{(\omega_0{}^2 - \omega^2)^2 + (\omega\gamma)^2} \tag{1.59}$$

在 ω_0 附近, $\omega \approx \omega_0$, (1.58)和(1.59)式分别简化为:

$$\chi(\omega) = \frac{q^2 Nf}{2m\varepsilon_0\omega_0} \frac{\omega_0 - \omega}{(\omega_0 - \omega)^2 + \left(\dfrac{\gamma}{2}\right)^2} \tag{1.60}$$

$$\chi'(\omega) = \frac{q^2 Nf}{2m\varepsilon_0\omega_0} \frac{\dfrac{\gamma}{2}}{(\omega_0 - \omega)^2 + \left(\dfrac{\gamma}{2}\right)^2} \tag{1.61}$$

图 1.3 是 $\chi(\omega)$ 谱线和 $\chi'(\omega)$ 谱线. $\chi(\omega)$ 在 ω_0 左右各有一个转折点. 在这两个转折点之外, $\mathrm{d}\chi/\mathrm{d}\omega > 0$, 是正常色数; 在这两个转折点之内, $\mathrm{d}\chi/\mathrm{d}\omega < 0$, 是反常色数. 令 $\mathrm{d}\chi/\mathrm{d}\omega = 0$, 由(1.60)式求出转折点的位置:

$$\omega_\mathrm{k} = \omega_0 \pm \frac{\gamma}{2} \tag{1.62}$$

由(1.60)和(1.62)式求出:

$$\chi(\omega_\mathrm{k}) = \pm \frac{q^2 Nf}{2m\varepsilon_0\omega_0\gamma} \tag{1.63}$$

$\chi'(\omega_0)$ 呈对称分布, 在 ω_0 处有最大值. 显然, 本征频率 ω_0 也是电子共振跃迁的中心频率. 由(1.61)式得到:

$$\chi'(\omega_0) = \frac{qNf}{m\varepsilon_0\omega_0\gamma} \tag{1.64}$$

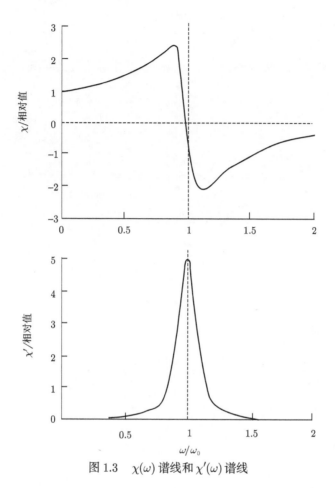

图 1.3　$\chi(\omega)$ 谱线和 $\chi'(\omega)$ 谱线

由 (1.61)，(1.62) 和 (1.64) 式得到：

$$\chi'(\omega_{\mathrm{k}}) = \frac{1}{2}\chi'(\omega_0) \tag{1.65}$$

因此，γ 为 $\chi'(\omega)$ 谱线的半峰值全宽度，简称 $\chi'(\omega)$ 谱线宽度，记作：

$$\Delta\omega = 2\left|\omega_0 - \omega_{\mathrm{k}}\right| = \gamma \tag{1.66}$$

注意，在 $\chi'(\omega)$ 谱线宽度内，$\chi(\omega)$ 具有反常色数.

1.2.3　K-K 关系

复电极化率 $\tilde{\chi}(\omega)$ 是解析函数，其实部 $\chi(\omega)$ 和虚部 $\chi'(\omega)$ 必然有内在关系. 考虑复变函数 $\tilde{\chi}(\tilde{z})$. 设在复平面的横轴上有一个极点 ω，则有

$$\oint \frac{\tilde{\chi}(\tilde{z})}{\tilde{z} - \omega} d\tilde{z} = 0 \tag{1.67}$$

其中积分路线如图 1.4 所示. c 是由 $-R$ 至 $+R$ 的半径为 R 的半圆，c' 是围绕极点 ω 的半径为 ε 的半圆.

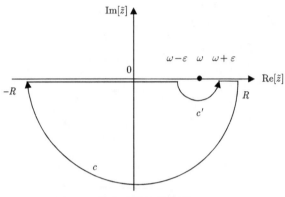

图 1.4　积分路线的示意图

将(1.67)式改写为：

$$\int_c \frac{\tilde{\chi}(\tilde{z})}{\tilde{z} - \omega} d\tilde{z} + \int_{-R}^{\omega-\varepsilon} \frac{\tilde{\chi}(\tilde{z})}{\tilde{z} - \omega} d\tilde{z} + \int_{\omega+\varepsilon}^{R} \frac{\tilde{\chi}(\tilde{z})}{\tilde{z} - \omega} d\tilde{z} + \int_{c'} \frac{\tilde{\chi}(\tilde{z})}{\tilde{z} - \omega} d\tilde{z} = 0 \tag{1.68}$$

令 $R \to \infty$ 和 $\varepsilon \to 0$，则有：

$$\int_c \frac{\tilde{\chi}(\tilde{z})}{\tilde{z} - \omega} d\tilde{z} = 0 \tag{1.69}$$

$$\int_{c'} \frac{\tilde{\chi}(\tilde{z})}{\tilde{z} - \omega} d\tilde{z} = \lim_{\varepsilon \to 0} \int_0^\pi \frac{\tilde{\chi}(\omega + \varepsilon e^{i\varphi})}{\varepsilon e^{i\varphi}} i\varepsilon e^{i\varphi} d\varphi = i\pi \tilde{\chi}(\omega) \tag{1.70}$$

$$\int_{-R}^{\omega-\varepsilon} \frac{\tilde{\chi}(\tilde{z})}{\tilde{z} - \omega} d\tilde{z} + \int_{\omega+\varepsilon}^{R} \frac{\tilde{\chi}(\tilde{z})}{\tilde{z} - \omega} d\tilde{z} = \lim_{\varepsilon \to 0} \left[\int_{-\infty}^{\omega-\varepsilon} \frac{\tilde{\chi}(z)}{z - \omega} dz + \int_{\omega+\varepsilon}^{\infty} \frac{\tilde{\chi}(z)}{z - \omega} dz \right]$$
$$= P \int_{-\infty}^{\infty} \frac{\tilde{\chi}(z)}{z - \omega} dz \tag{1.71}$$

(1.69)式表示 $\omega \to \infty$ 时电极化过程的响应为 0，(1.71)式为主值积分的定义. 将(1.69)，(1.70)和(1.71)式代入(1.68)式中求出：

$$\tilde{\chi}(\omega) = \frac{i}{\pi} P \int_{-\infty}^{\infty} \frac{\tilde{\chi}(z)}{z - \omega} dz \tag{1.72}$$

由(1.14)和(1.72)式求出：

$$\chi(\omega) = \frac{1}{\pi} P \int_{-\infty}^{\infty} \frac{\chi'(z)}{z - \omega} \mathrm{d}z \tag{1.73}$$

$$\chi'(\omega) = -\frac{1}{\pi} P \int_{-\infty}^{\infty} \frac{\chi(z)}{z - \omega} \mathrm{d}z \tag{1.74}$$

由于 $\chi(\omega)$ 和 $\chi'(\omega)$ 分别是奇函数和偶函数, 将(1.73)和(1.74)式分别改写为:

$$\chi(\omega) = -\frac{2}{\pi} P \int_{0}^{\infty} \frac{z\chi'(z)}{z^2 - \omega^2} \mathrm{d}z \tag{1.75}$$

$$\chi'(\omega) = \frac{2}{\pi} P \int_{0}^{\infty} \frac{\omega\chi(z)}{z^2 - \omega^2} \mathrm{d}z \tag{1.76}$$

(1.75)和(1.76)式为克拉默斯-克勒尼希色散关系, 简称 K-K 关系. 对于 $\tilde{\chi}(\omega)$ 的实部 $\chi(\omega)$ 和虚部 $\chi'(\omega)$, 只要已知其中一个的频谱, 就能够求出另一个的频谱.

显然, 对于 $\chi(\omega)$ 和 $\chi'(\omega)$ 的增量, 也有 K-K 关系:

$$\Delta\chi(\omega) = -\frac{2}{\pi} P \int_{0}^{\infty} \frac{z\Delta\chi'(z)}{z^2 - \omega^2} \mathrm{d}z \tag{1.77}$$

$$\Delta\chi'(\omega) = \frac{2}{\pi} P \int_{0}^{\infty} \frac{\omega\Delta\chi(z)}{z^2 - \omega^2} \mathrm{d}z \tag{1.78}$$

1.2.4　自由电子的贡献

介质内的自由电子是反弹力为 0 的电子. 令 $\omega_0 = 0$ 和 $f = 1$, 根据(1.58)和(1.59)式分别写出:

$$\chi_{\mathrm{F}}(\omega) = -\frac{q^2 N_{\mathrm{F}}}{m\varepsilon_0} \frac{1}{\omega^2 + \gamma^2} \tag{1.79}$$

$$\chi_{\mathrm{F}}'(\omega) = \frac{q^2 N_{\mathrm{F}}}{m\varepsilon_0} \frac{\gamma}{(\omega^2 + \gamma^2)\omega} \tag{1.80}$$

其中 N_{F} 是自由电子密度.

在光频波段内, $\gamma^2 \ll \omega^2$, (1.79)和(1.80)式分别简化为:

$$\chi_{\mathrm{F}}(\omega) = -\frac{q^2 N_{\mathrm{F}}}{m\varepsilon_0 \omega^2} \tag{1.81}$$

$$\chi'_{\mathrm{F}}(\omega) = \frac{q^2 N_{\mathrm{F}} \gamma}{m \varepsilon_0 \omega^3} \tag{1.82}$$

我们也能将(1.82)式改写为：

$$\chi'_{\mathrm{F}}(\omega) = \frac{\sigma(\omega)}{\omega \varepsilon_0} \tag{1.83}$$

$$\sigma(\omega) = \sigma(0) \left(\frac{\gamma}{\omega}\right)^2 \tag{1.84}$$

其中
$$\sigma(0) = \frac{q^2 N_{\mathrm{F}}}{m \gamma} \tag{1.85}$$

$\sigma(\omega)$ 和 $\sigma(0)$ 分别是光频电导率和直流电导率.

1.2.5　振子强度

经典理论不能给出振子强度的表达式. 在第 2 章内, 借助于量子理论, 求出了振子强度:

$$f = \frac{2m\omega}{\hbar q^2} |R|^2 \tag{1.86}$$

其中 $\hbar = h / 2\pi$, h 是普朗克常量, R 是电偶极矩矩阵元.

将(1.86)式代入(1.60)和(1.61)式中, 分别求出:

$$\chi(\omega) = \frac{N}{\hbar \varepsilon_0} |R|^2 \frac{\omega_0 - \omega}{(\omega_0 - \omega)^2 + \left(\dfrac{\gamma}{2}\right)^2} \tag{1.87}$$

$$\chi'(\omega) = \frac{N}{\hbar \varepsilon_0} |R|^2 \frac{\dfrac{\gamma}{2}}{(\omega_0 - \omega)^2 + \left(\dfrac{\gamma}{2}\right)^2} \tag{1.88}$$

1.3　激　　光

现在推导激光方程和激光条件. 经典的激光方程是兰姆方程. 兰姆方程是激光的振幅和相位的速率方程, 表示激光器的强度特性和频率特性. 这些特性的变化，取决于介质的光增益和光吸收. 因此，必须首先写出光增益和光吸收的表达式.

1.3.1　光增益和光吸收

我们考虑共振介质的光增益. 令吸收光(受激吸收)和发射光(受激发射)的振子密度分别为 N_1 和 N_2，则(1.88)式中的振子密度是：

$$N = N_1 - N_2 \tag{1.89}$$

由(1.22)，(1.35)和(1.88)式求出光吸收系数：

$$\alpha(\omega) = \frac{\omega}{\hbar c n \varepsilon_0} |R|^2 (N_1 - N_2) \frac{\dfrac{\gamma}{2}}{(\omega_0 - \omega)^2 + \left(\dfrac{\gamma}{2}\right)^2} \tag{1.90}$$

由于受激发射是受激吸收的逆过程，将光增益系数写作：

$$g(\omega) = -\alpha(\omega) \tag{1.91}$$

由(1.90)和(1.91)式求出光增益系数：

$$g(\omega) = \frac{\omega}{\hbar c n \varepsilon_0} |R|^2 (N_2 - N_1) \frac{\dfrac{\gamma}{2}}{(\omega_0 - \omega)^2 + \left(\dfrac{\gamma}{2}\right)^2} \tag{1.92}$$

注意，这里的光增益与光强度无关，通常称为线性光增益.

由(1.92)式得到最高光增益：

$$g = a(N_2 - N_1) \tag{1.93}$$

其中

$$a = \frac{2\omega_0}{\hbar c n \varepsilon_0 \gamma} |R|^2 \tag{1.94}$$

a 是光增益截面，亦称光增益常数.

现在考虑自由电子的光吸收. 根据(1.35)式写出：

$$\alpha_{\mathrm{F}} = k_0 \frac{\chi_{\mathrm{F}}'}{n} \tag{1.95}$$

由(1.22)，(1.82)和(1.95)式求出：

$$\alpha_{\mathrm{F}} = \sigma_{\mathrm{F}} N_{\mathrm{F}} \tag{1.96}$$

其中
$$\sigma_{\mathrm{F}} = \frac{q^2 \gamma}{mcn\varepsilon_0 \omega^2} \tag{1.97}$$

σ_{F} 是自由电子吸收截面.

1.3.2 折射率

根据(1.15)和(1.17)式, 将介质的折射率写作:

$$n = \sqrt{\varepsilon} + \Delta n + \Delta n_{\mathrm{F}} \tag{1.98}$$

其中 Δn 和 Δn_{F} 分别是共振和自由电子造成的折射率分量:

$$\Delta n = \frac{\chi}{2n} \tag{1.99}$$

$$\Delta n_{\mathrm{F}} = \frac{\chi_{\mathrm{F}}}{2n} \tag{1.100}$$

由(1.87), (1.89)和(1.99)式求出共振造成的折射率分量:

$$\Delta n = \frac{N_1 - N_2}{2\hbar n\varepsilon_0} |R|^2 \frac{\omega_0 - \omega}{(\omega_0 - \omega)^2 + \left(\dfrac{\gamma}{2}\right)^2} \tag{1.101}$$

注意, $N_1 < N_2$ 时 Δn 具有正常色散, $N_1 > N_2$ 时 Δn 具有反常色散.

由(1.81)和(1.100)式求出自由电子造成的折射率分量:

$$\Delta n_{\mathrm{F}} = -\frac{q^2 N_{\mathrm{F}}}{2mn\varepsilon_0 \omega^2} \tag{1.102}$$

对于介电常数 ϵ, 我们知道:

$$\varepsilon = 1 + \chi_{\mathrm{eff}} \tag{1.103}$$

其中 χ_{eff} 是等效电极化率.

我们有半经验公式:

$$\chi_{\mathrm{eff}} = \frac{\hbar^2 q^2}{m\varepsilon_0} \frac{N_{\mathrm{eff}}}{E_{\mathrm{eff}}^2 - (\hbar\omega)^2} \tag{1.104}$$

其中 E_{eff} 和 N_{eff} 分别是等效本征能量和等效振子密度. 对于 GaAs, $E_{\text{eff}} = 3.75\text{eV}$, $N_{\text{eff}} = 9.15 \times 10^{22} / \text{cm}^3$, 代入(1.104)式中求出:

$$\chi_{\text{eff}} = \frac{125}{12.75 - (\hbar\omega)^2} \tag{1.105}$$

由(1.17), (1.103)和(1.105)式求出的 n 与 $\hbar\omega$ 的关系如图 1.5 所示. 图 1.6 表示在温室下测量的 GaAs 的 n 与 $\hbar\omega$ 的关系.

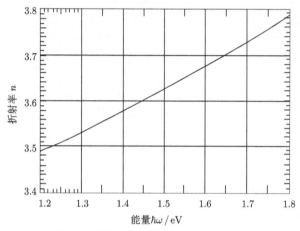

图 1.5　计算的 GaAs 的 n 与 $\hbar\omega$ 的关系

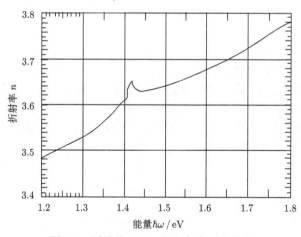

图 1.6　测量的 GaAs 的 n 与 $\hbar\omega$ 的关系

这两个图的比较表明, Δn 和 Δn_{F} 对 n 的影响甚微, 完全可以忽略, 在分析和计算中使用(1.17)和(1.18)式是没有问题的.

1.3.3 兰姆方程

对于共振介质，根据(1.9)和(1.11)式写出：

$$\nabla^2 E - \frac{1}{c^2}[n^2 - \mathrm{i}(\chi' + \chi'_{\mathrm{F}})]\frac{\partial^2}{\partial t^2}E = 0 \tag{1.106}$$

将本征波函数写作：

$$E(\boldsymbol{r} \cdot t) = e(t)\mathrm{e}^{-\mathrm{i}\boldsymbol{k}\cdot\boldsymbol{r}} \tag{1.107}$$

其中 $\boldsymbol{k}$ 是本征波矢.

将(1.107)式代入(1.106)式中得到：

$$K^2 e(t) + \frac{1}{c^2}[n^2 - \mathrm{i}(\chi' + \chi_{\mathrm{F}}')]\frac{\mathrm{d}^2}{\mathrm{d}t^2}e(t) = 0 \tag{1.108}$$

本征波数是

$$K = \frac{\Omega}{c}n \tag{1.109}$$

其中 Ω 是本征频率.

将(1.109)式代入(1.108)式中得到：

$$n^2\Omega^2 e(t) + [n^2 - \mathrm{i}(\chi' + \chi_{\mathrm{F}}')]\frac{\partial^2}{\partial t^2}e(t) = 0 \tag{1.110}$$

令 $$e(t) = \tilde{A}(t)\mathrm{e}^{\mathrm{i}\omega t} \tag{1.111}$$

其中复振幅 $\tilde{A}(t)$ 是 t 的缓变函数.

将(1.111)式代入(1.110)式中，忽略二阶小量，求出：

$$n^2(\Omega^2 - \omega^2)\tilde{A}(t) + \mathrm{i}\omega^2(\chi' + \chi_{\mathrm{F}}')\tilde{A}(t) + \mathrm{i}2\omega n^2\frac{\mathrm{d}}{\mathrm{d}t}\tilde{A}(t) = 0 \tag{1.112}$$

将复振幅写作：

$$\tilde{A}(t) = a(t)\mathrm{e}^{\mathrm{i}\phi(t)} \tag{1.113}$$

其中 $a(t)$ 和 $\phi(t)$ 分别是振幅和相位，均为 t 的缓变函数.

将(1.113)式代入(1.112)式中，得到两个微分方程：

$$2n^2\frac{\mathrm{d}}{\mathrm{d}t}a(t) + \omega(\chi' + \chi_{\mathrm{F}}')a(t) = 0 \tag{1.114}$$

$$2\omega \frac{\mathrm{d}}{\mathrm{d}t}\phi(t) - \omega(\Omega^2 - \omega^2) = 0 \tag{1.115}$$

(1.114)和(1.115)式是兰姆方程.

1.3.4　激光条件

由于光强度 $I(t)$ 与振幅 $a(t)$ 的平方成正比, 由(1.114)式求出强度速率方程:

$$\frac{\mathrm{d}}{\mathrm{d}t}I(t) + (\xi + \xi_{\mathrm{F}})I(t) = 0 \tag{1.116}$$

其中

$$\xi = \frac{\omega}{n^2}\chi' \tag{1.117}$$

$$\xi_{\mathrm{F}} = \frac{\omega}{n^2}\chi'_{\mathrm{F}} \tag{1.118}$$

ξ 是共振吸收概率, ξ_{F} 是自由电子吸收概率.

由(1.22), (1.35)和(1.117)式求出:

$$\xi = \frac{c}{n}\alpha \tag{1.119}$$

其中 α 是共振吸收系数.

由(1.22), (1.95)和(1.118)式求出:

$$\xi_{\mathrm{F}} = \frac{c}{n}\alpha_F \tag{1.120}$$

其中 α_{F} 是自由电子吸收系数.

利用(1.91)式, 将(1.119)和(1.120)式代入(1.116)式中求出:

$$\frac{\mathrm{d}}{\mathrm{d}t}I(t) = \frac{c}{n}(g - \alpha_{\mathrm{F}})\ I(t) \tag{1.121}$$

由于 $\omega \approx \Omega$, 由(1.115)式求出相位速率方程:

$$\frac{\mathrm{d}}{\mathrm{d}t}\phi(t) = \Omega - \omega \tag{1.122}$$

(1.121)和(1.122)式也是兰姆方程.

在稳定情况下, 由(1.121)和(1.122)式分别求出:

$$g = \alpha_{\mathrm{F}} \tag{1.123}$$

$$\omega = \Omega \tag{1.124}$$

(1.123)和(1.124)式是激光条件. (1.123)式表示光增益必须抵消光吸收，这是阈值条件. (1.124)式表示振荡频率必须等于本征频率，这是共振条件.

注意：这里的 g 就是 $g(\omega_0)$，因为 $g(\omega_0)$ 最先达到阈值. 这里只考虑了 α_F，而在实际器件内应该是总损耗.

参 考 文 献

[1] Moss T S. Optical Properties of Semiconductors, Chap. 1. London: Butterworths Scientific Publications, 1959.

[2] Casey H C, Panish M B. Heterostructure Lasers, Part. A, Chap. 2. New York: Academic Press, 1978.

[3] Saleh B E A, Teich M C. Fundamentals of Photonics, Chap. 3. New York: John Wiley & Sons, 1991.

[4] Agrawal G P, Dutta N K. Long-Wavelength Semiconductor Lasers, Chap. 2. New York: Van Nostrand Reinhold, 1986.

[5] Kressel H, Butler J K. Semiconductor Lasers and Heterojunction LEDs, Chap. 4. New York: Academic Press, 1977.

[6] 焦其祥, 王道东. 电磁场理论, 第6、7章. 北京：北京邮电学院出版社, 1994.

[7] 石家纬. 半导体光电子学, 第1章. 长春：吉林大学出版社, 1984.

[8] 郭长志. 半导体激光模式理论, 第2章. 北京：人民邮电出版社, 1989.

[9] 杨伯君. 量子光学基础, 第2章. 北京：北京邮电大学出版社, 1996.

[10] Suematsu Y, Adams A R. Handbook of Semiconductor Lasers and Photonic Integrated Circuits, Chap. 5. London: Chapman & Hall, 1994.

第 2 章　光增益量子理论

2.1　电子和光子

激光器是以电子和光子相互作用为基础的. 当然, 半导体激光器也是如此. 量子理论与经典理论相比, 它对光吸收和光发射的解释更深入了. 在讨论电子和光子相互作用之前, 必须对它们的性质有所了解, 旨在使我们的思路由宏观领域进入微观领域.

2.1.1　微观粒子

电子和光子均为微观粒子, 具有波动性和粒子性, 称为波粒二象性. 在强调粒子性时, 分别称为电子和光子; 在强调波动性时, 分别称为电子波和光子波. 描述粒子性的物理量是动量 p 和能量 E, 描述波动性的物理量是波矢 k 和频率 ω, 将粒子性和波动性联系起来的关系是:

$$p = \hbar k \tag{2.1}$$

$$E = \hbar \omega \tag{2.2}$$

粒子的动量是:

$$p = m\overline{v} \tag{2.3}$$

其中 m 和 $\overline{v}$ 分别是粒子的质量和速度.

粒子的速度是:

$$\overline{v} = \frac{\mathrm{d}E}{\mathrm{d}p} = \frac{\mathrm{d}\omega}{\mathrm{d}k} \tag{2.4}$$

显然, 它是经典波的群速度.

粒子波由波函数 $\psi(r, t)$ 来描述, 它是空间 r 和时间 t 的复函数. 自由粒子的波函数是平面波:

$$\psi(r, t) = A\mathrm{e}^{\pm \mathrm{i}(\omega t - k \cdot r)} \tag{2.5}$$

其中振幅 A 为常数.

粒子波的速度是：

$$v = \frac{\omega}{k} \tag{2.6}$$

显然，它是经典波的相速度.

在有限体积 V 内，将波函数展开为许多平面波叠加：

$$\psi(\boldsymbol{r}, t) = \sum_m A_m \mathrm{e}^{\pm \mathrm{i}(\omega_m t - \boldsymbol{k}_m \cdot \boldsymbol{r})} \tag{2.7}$$

其中 A_m，ω_m 和 $\boldsymbol{k}_m$ 是由周期性边界条件决定的振幅、频率和波矢的本征值，$m = 1, 2, 3, \cdots$.

考虑各边长均为 L 的立方体介质，令其中心为坐标原点，求出 $\boldsymbol{k}$ 的三个分量的本征值：

$$k_{mi} = m_i \left(\frac{2\pi}{L} \right) \tag{2.8}$$

其中 $i = x, y, z$，$m = 0, \pm 1, \pm 2, \cdots$.

就粒子性而言，不同的 $\boldsymbol{k}$ 值表示粒子处于不同的状态；就波动性而言，不同的 $\boldsymbol{k}$ 值表示粒子波具有不同的模式. 显然，状态和模式是一一对应的，只是对一件事情的两种说法而已.

现在推导粒子状态密度分布. 在 $\boldsymbol{k}$ 空间内，$\boldsymbol{k}$ 的每个本征值表示一个状态，因而每个状态占有的 $\boldsymbol{k}$ 空间体积是：

$$\delta_V = \left(\frac{2\pi}{L} \right)^3 = \frac{8\pi^3}{V} \tag{2.9}$$

半径为 k 的球体积是：

$$\Delta_V = \frac{4}{3} \pi k^3 \tag{2.10}$$

由(2.9)和(2.10)式求出该体积内的状态数：

$$N = 2 \frac{\Delta_V}{\delta_V} = \frac{V k^3}{3\pi^2} \tag{2.11}$$

其中因子 2 表示粒子具有两个自旋状态.

因此，单位体积单位波数的状态数是：

$$\rho(k) = \frac{1}{V}\frac{\mathrm{d}N}{\mathrm{d}k} = \left(\frac{k}{\pi}\right)^2 \tag{2.12}$$

在以后的分析和计算中，通常采用单位体积单位能量的状态数：

$$\rho(E) = \frac{1}{V}\frac{\mathrm{d}N}{\mathrm{d}E} = \left(\frac{k}{\pi}\right)^2\frac{\mathrm{d}K}{\mathrm{d}E} \tag{2.13}$$

$\rho(k)$ 和 $\rho(E)$ 均称为粒子状态密度分布.

2.1.2　电子

对于电子，m 保持不变，由(2.3)和(2.4)式求出：

$$E = \frac{p^2}{2m} + V = \frac{\hbar^2 k^2}{2m} + V \tag{2.14}$$

其中 V 是势能. 该式表明，E 和 k 呈抛物线关系.

利用动量算符和能量算符：

$$\hat{p} = -\mathrm{i}\hbar\nabla \tag{2.15}$$

$$\hat{E} = \mathrm{i}\hbar\frac{\partial}{\partial t} \tag{2.16}$$

将电子波的波动方程写作：

$$\hat{H}\psi(\boldsymbol{r}\cdot t) = \mathrm{i}\hbar\frac{\partial}{\partial t}\psi(\boldsymbol{r}\cdot t) \tag{2.17}$$

其中

$$\hat{H} = \frac{\hat{p}^2}{2m} + V = -\frac{\hbar^2\nabla^2}{2m} + V \tag{2.18}$$

$\hat{H}$ 也是能量算符，称为哈密顿算符. (2.18)式是薛定谔方程.

对于电子波，引入统计波概念. 在习惯上，将(2.17)式的平面波解写作：

$$\begin{aligned}
\psi(\boldsymbol{r}\cdot t) &= A\mathrm{e}^{-\mathrm{i}(\omega t - \boldsymbol{k}\cdot\boldsymbol{r})} \\
&= A\mathrm{e}^{\mathrm{i}(\boldsymbol{k}\cdot\boldsymbol{r} - \omega t)}
\end{aligned} \tag{2.19}$$

正交归一化条件是：

$$\int_V \psi_m^*(\boldsymbol{r}\cdot t)\psi_n(\boldsymbol{r}\cdot t)\mathrm{d}\boldsymbol{r} = \delta_{mn} \tag{2.20}$$

由(2.13)和(2.14)式求出电子状态密度分布:

$$\rho_{\mathrm{e}}(E) = \frac{(2m)^{\frac{3}{2}}}{2\pi^2\hbar^3}(E-V)^{\frac{1}{2}} \tag{2.21}$$

电子是费米子,服从费米–狄拉克统计规律. 能量为 E 的一个状态容纳的平均电子数为:

$$f_{\mathrm{e}}(E) = \frac{1}{\mathrm{e}^{\frac{E-F}{kT}}+1} \tag{2.22}$$

其中 k 是玻尔兹曼常数,T 是热力学温度,F 是电子系统的化学势,亦称费米能级.

$f_{\mathrm{e}}(E)$ 也是能级 E 的一个状态被电子占据的概率,通常称为费米 – 狄拉克分布函数.

由(2.21)和(2.22)式求出电子密度分布,即单位体积单位能量的电子数:

$$N(E) = \rho_{\mathrm{e}}(E)\,f_{\mathrm{e}}(E) \tag{2.23}$$

2.1.3 光子

对于光子,$\overline{v}$ 保持不变,由(2.3)和(2.4)式求出:

$$E = \overline{v}p = \overline{v}\hbar k \tag{2.24}$$

该式表明,E 和 k 呈直线关系.

由(2.2),(2.6)和(2.24)式求出:

$$\overline{v} = v \tag{2.25}$$

该式表明,光子的速度等于光子波的速度.

现在验证经典波动方程也是光子波的波动方程. 在形式上,薛定谔方程也适用于光子波. 这时,根据(2.3)和(2.4)式写出哈密顿算符:

$$\hat{H} = \frac{\hat{p}^2}{m} = -\frac{\hbar^2\nabla^2}{m} \tag{2.26}$$

代入(2.17)式中得到:

$$-\frac{\hbar^2\nabla^2}{m}\psi(\boldsymbol{r}\cdot t) = \mathrm{i}\hbar\frac{\partial}{\partial t}\psi(\boldsymbol{r}\cdot t) \tag{2.27}$$

然而, 由于 m 不是常量, 必须将它消去. 利用 $\dfrac{\partial}{\partial t} = -\mathrm{i}\omega$, 将 (2.27) 式改写为:

$$\nabla^2 \psi(\boldsymbol{r} \cdot t) = \frac{m}{\hbar\omega} \frac{\partial^2}{\partial t^2} \psi(\boldsymbol{r} \cdot t) \tag{2.28}$$

由 (2.2), (2.3) 和 (2.25) 式得到:

$$\hbar\omega = mv^2 \tag{2.29}$$

由 (1.42), (2.28) 和 (2.29) 式求出:

$$\nabla^2 \psi(\boldsymbol{r} \cdot t) - \left(\frac{n}{c}\right)^2 \frac{\partial^2}{\partial t^2} \psi(\boldsymbol{r} \cdot t) = 0 \tag{2.30}$$

这是经典波动方程. 对于无损耗介质, (1.10) 式简化为 (2.30) 式. 这就是说, (2.30) 式也是光子波的波动方程.

对于光子波, 采用经典波描述, $\psi(\boldsymbol{r} \cdot t)$ 只能是 $\boldsymbol{r}$ 和 t 的实函数. 在习惯上, 将 (2.30) 式的平面波解写作:

$$\begin{aligned} \psi(\boldsymbol{r} \cdot t) &= A\mathrm{e}^{\mathrm{i}\,(\omega t - \boldsymbol{k}\cdot\boldsymbol{r})} \\ &= A\cos(\omega t - \boldsymbol{k}\cdot\boldsymbol{r}) \end{aligned} \tag{2.31}$$

利用 (1.36) 式, 将正交归一化条件写作:

$$\int_V \psi_m^*(\boldsymbol{r} \cdot t)\psi_n(\boldsymbol{r} \cdot t)\mathrm{d}\boldsymbol{r} = E_{0m}^2 \delta_{mn} \tag{2.32}$$

其中

$$E_{0m}^2 = \frac{2I_m}{cn\varepsilon_0} \tag{2.33}$$

光强度是光子密度、光子能量和光子速度的乘积. 令光子密度为 S_m , 将光强度写作:

$$I_m = S_m \hbar\omega \frac{c}{n} \tag{2.34}$$

将 (2.34) 式代入 (2.32) 式中求出:

$$E_{0m}^2 = \frac{2\hbar\omega S_m}{\varepsilon\varepsilon_0} \tag{2.35}$$

将 (2.35) 式代入 (2.32) 式中求出:

$$\int_V \psi_m^*(\boldsymbol{r} \cdot t)\psi_n(\boldsymbol{r} \cdot t)\mathrm{d}\boldsymbol{r} = \frac{2\hbar\omega S_m}{\varepsilon\varepsilon_0}\delta_{mn} \tag{2.36}$$

由(2.13)和(2.24)式求出光子状态密度分布:

$$\rho_\mathrm{s}(E) = \frac{n^3}{\pi^2 c^3 \hbar^3}E^2 \tag{2.37}$$

光子是玻色子,服从玻色-爱因斯坦统计规律. 能量 E 的一个状态容纳的平均光子数为:

$$f_\mathrm{s}(E) = \frac{1}{\mathrm{e}^{\frac{E-\mu}{kT}} - 1} \tag{2.38}$$

其中 μ 是光子系统的化学势. $\mu = 0$ 对应于绝对黑体的情况. $\mu \geqslant E$ 对应于玻色-爱因斯坦凝聚,即一个状态容纳许多光子的情况.

由(2.37)和(2.38)式求出光子密度分布,即单位体积单位能量的光子数:

$$S(E) = \rho_\mathrm{s}(E)f_\mathrm{s}(E) \tag{2.39}$$

2.2　电子光跃迁

本节讨论电子和光子的相互作用,针对的是电子光跃迁. 电子因吸收或发射光子而改变其能量,称为电子光跃迁. 在理论上,对于一切光电子器件,跃迁概率是一个核心参量,我们的目的就是求出跃迁概率.

2.2.1　与时间有关的微扰

考虑图 2.1 所示的二能级系统,令其波函数为 $\psi(\boldsymbol{r} \cdot t)$,本征能量是:

$$\hbar\omega_0 = \hbar\omega_2 - \hbar\omega_1 = E_2 - E_1 \tag{2.40}$$

讨论一个电子在一个光子的作用下由能级 E_1 (始态)跃迁至能级 E_2 (终态)的情况. 在分析中,采用与时间有关的微扰理论.

当哈密顿算符与时间有关时,将(2.17)式改写为:

$$\hat{H}(t)\psi(\boldsymbol{r} \cdot t) = \mathrm{i}\hbar\frac{\partial}{\partial t}\psi(\boldsymbol{r} \cdot t) \tag{2.41}$$

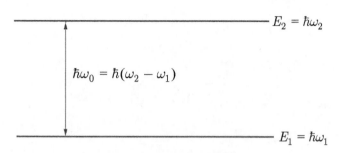

图 2.1　二能级系统的示意图

其中
$$\hat{H}(t) = \hat{H}_0 + \hat{H}'(t) \tag{2.42}$$

$\hat{H}'(t) \ll \hat{H}_0$ 是与时间有关的微扰算符.

设 $\hat{H}_0$ 的本征波函数为：

$$\Phi_n(\boldsymbol{r} \cdot t) = \varphi_n(\boldsymbol{r}) \mathrm{e}^{-\mathrm{i}\omega_n t} \tag{2.43}$$

其中 $n=1$, 2. (2.43)式满足方程：

$$\hat{H}_0 \Phi_n(\boldsymbol{r} \cdot t) = \mathrm{i}\hbar \frac{\partial}{\partial t} \Phi_n(\boldsymbol{r} \cdot t) \tag{2.44}$$

而且

$$\int_V \Phi_n^*(\boldsymbol{r} \cdot t) \hat{H}'(t) \Phi_n(\boldsymbol{r} \cdot t) \mathrm{d}\boldsymbol{r} = 0 \tag{2.45}$$

将 $\psi(\boldsymbol{r} \cdot t)$ 展开为：

$$\psi(\boldsymbol{r} \cdot t) = a_1(t)\Phi_1(\boldsymbol{r} \cdot t) + a_2(t)\Phi_2(\boldsymbol{r} \cdot t) \tag{2.46}$$

由(2.41), (2.44)和(2.46)式得到：

$$
\begin{aligned}
& a_1(t)\hat{H}'(t)\Phi_1(\boldsymbol{r} \cdot t) + a_2(t)\hat{H}'(t)\Phi_2(t) \\
& = \mathrm{i}\hbar[\Phi_1(\boldsymbol{r} \cdot t)\frac{\partial}{\partial t}a_1(t) + \Phi_2(\boldsymbol{r} \cdot t)\frac{\partial}{\partial t}a_2(t)]
\end{aligned}
\tag{2.47}
$$

以 $\Phi_2^*(\boldsymbol{r} \cdot t)$ 左乘该式两边，对体积 V 积分，得到：

$$
\begin{aligned}
& a_1(t)\int_V \Phi_2^*(\boldsymbol{r} \cdot t)\hat{H}(t)\Phi_1(\boldsymbol{r} \cdot t)\mathrm{d}\boldsymbol{r} + a_2(t)\int_V \Phi_2^*(\boldsymbol{r} \cdot t)\hat{H}'(t)\Phi_2(\boldsymbol{r} \cdot t)\mathrm{d}\boldsymbol{r} \\
& = \mathrm{i}\hbar[\frac{\partial}{\partial t}a_1(t)\int_V \Phi_2^*(\boldsymbol{r} \cdot t)\Phi_1(\boldsymbol{r} \cdot t)\mathrm{d}\boldsymbol{r} + \frac{\partial}{\partial t}a_2(t)\int_V \Phi_2^*(\boldsymbol{r} \cdot t)\Phi_2(\boldsymbol{r} \cdot t)\mathrm{d}\boldsymbol{r}]
\end{aligned}
\tag{2.48}
$$

利用(2.20)和(2.45)式，将(2.48)式简化为：

$$a_1(t)F(t) = i\hbar \frac{\partial}{\partial t} a_2(t) \tag{2.49}$$

其中

$$F(t) = \int_V \Phi_2^*(\boldsymbol{r} \cdot t) \hat{H}'(t) \Phi_1(\boldsymbol{r} \cdot t) \mathrm{d}\boldsymbol{r} \tag{2.50}$$

$F(t)$ 是与时间有关的微扰矩阵元.

2.2.2 跃迁概率

电子在 t 时刻处于 n 状态的概率是：

$$W_n(t) = |a_n(t)|^2 \tag{2.51}$$

现在来求出(2.49)式的解. 令

$$\hat{H}(t) = \hat{F} \cos \omega t = \frac{\hat{F}}{2} (\mathrm{e}^{\mathrm{i}\omega t} + \mathrm{e}^{-\mathrm{i}\omega t}) \tag{2.52}$$

其中 $\hat{F}$ 是与时间无关的微扰算符.

由(2.40), (2.43), (2.50)和(2.52)式求出：

$$F(t) = \frac{F}{2} [\mathrm{e}^{\mathrm{i}(\omega_0+\omega)t} + \mathrm{e}^{\mathrm{i}(\omega_0-\omega)t}] \tag{2.53}$$

其中

$$F = \int_V \varphi_2^*(\boldsymbol{r}) \hat{F} \varphi_1(\boldsymbol{r}) \mathrm{d}\boldsymbol{r} \tag{2.54}$$

F是与时间无关的微扰矩阵元.

令微扰在 t=0 时开始，取一级近似 $a_1(t) = a_1(0) = 1$ ，则(2.40)式简化为：

$$F(t) = i\hbar \frac{\partial}{\partial t} a_2(t) \tag{2.55}$$

该式的解是：

$$a_2(t) = \frac{1}{i\hbar} \int_0^t F(t) \mathrm{d}t \tag{2.56}$$

由(2.53)和(2.56)式求出：

$$a_2(t) = \frac{F}{2\hbar}\left[\frac{e^{i(\omega_0+\omega)t}-1}{\omega_0+\omega} + \frac{e^{i(\omega_0-\omega)t}-1}{\omega_0-\omega}\right] \tag{2.57}$$

对于共振跃迁，取旋转波近似：

$$a_2(t) = \frac{F}{2\hbar}\frac{e^{i(\omega_0-\omega)t}-1}{\omega_0-\omega} \tag{2.58}$$

一个电子在 t 时间内由能级 E_1 跃迁至能级 E_2 的概率 W_{12}，就是它在 t 时刻处于能级 E_2 的概率 $W_2(t)$. 由(2.51)和(2.58)式求出：

$$W_{12}(\omega) = \frac{|F|^2}{\hbar^2}\frac{\sin^2[(\omega_0-\omega)t/2]}{(\omega_0-\omega)^2} \tag{2.59}$$

根据洛必达法则，由(2.59)式求出跃迁概率的最大值：

$$W_{12}(\omega_0) = \frac{t^2}{4\hbar^2}|F|^2 \tag{2.60}$$

图 2.2 表示跃迁概率的频谱随时间的变化. 该图表明，频谱宽度与时间成反比，随时间延长变得窄而高，在稳定情况 $(t \to \infty)$ 下变成了一条谱线.

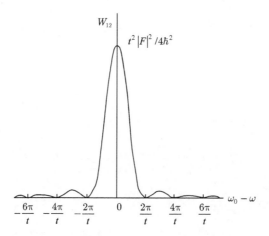

图 2.2　电子在 t 时间内的跃迁概率的频谱

由(2.61)式得到单位时间的跃迁概率：

$$w_{12}(\omega) = \frac{|F|^2}{2\hbar^2}\frac{\sin^2[(\omega_0-\omega)t/2]}{(\omega_0-\omega)^2t/2} \tag{2.61}$$

将(2.61)式改写为：

$$w_{12}(\omega) = w_0 Q(\omega) \tag{2.62}$$

其中
$$w_0 = \frac{\pi}{2\hbar^2}|F|^2 \tag{2.63}$$

$$Q(\omega) = \frac{\sin^2[(\omega_0 - \omega)t/2]}{\pi(\omega_0 - \omega)^2 t/2} \tag{2.64}$$

当 $t \to \infty$ 时，$Q(\omega) \to \delta(\omega_0 - \omega)$. w_0 和 $Q(\omega)$ 分别是单位时间的跃迁概率的量值和分布函数. $Q(\omega)$ 满足归一化条件：

$$\int_{-\infty}^{\infty} Q(\omega)\mathrm{d}\omega = 1 \tag{2.65}$$

2.2.3 矩阵元

在电磁场内，哈密顿函数是：

$$H(t) = \frac{1}{2m}[\boldsymbol{p} - q\boldsymbol{A}(t)]^2 + V \tag{2.66}$$

其中 $\boldsymbol{A}(t)$ 是电磁场的矢量势.

将该式的右边展开，忽略 $\boldsymbol{A}(t)$ 的高次项，得到：

$$H(t) = \left(\frac{p^2}{2m} + V\right) - \frac{q}{m}\boldsymbol{p} \cdot \boldsymbol{A}(t) \tag{2.67}$$

因此，哈密顿算符是：

$$\hat{H}(t) = \left(-\frac{\hbar^2\nabla^2}{2m} + V\right) - \frac{q}{m}\hat{\boldsymbol{p}} \cdot \boldsymbol{A}(t) \tag{2.68}$$

由(2.18)，(2.42)和(2.68)式得到与时间有关的微扰算符：

$$\hat{H}'(t) = -\frac{q}{m}\hat{\boldsymbol{p}} \cdot \boldsymbol{A}(t) \tag{2.69}$$

$\boldsymbol{A}(t)$ 与 $\boldsymbol{E}(t)$ 的关系是：

$$\frac{\mathrm{d}}{\mathrm{d}t}\boldsymbol{A}(t) = -\boldsymbol{E}(t) \tag{2.70}$$

由(1.49)和(2.70)式得到：

$$\boldsymbol{A}(t) = -\mathrm{i}\boldsymbol{e}\frac{E_0}{\omega}\mathrm{e}^{\mathrm{i}\omega t} \tag{2.71}$$

其中 $\boldsymbol{e}$ 是电场的单位矢量.

将(2.71)式代入(2.69)式中求出:

$$\hat{H}'(t) = -\frac{\mathrm{i}qE_0}{m\omega}(\boldsymbol{e}\cdot\hat{\boldsymbol{p}})\mathrm{e}^{\mathrm{i}\omega t} \tag{2.72}$$

因此, 与时间无关的微扰算符是:

$$\hat{F} = -\frac{\mathrm{i}qE_0}{m\omega}(\boldsymbol{e}\cdot\hat{\boldsymbol{p}}) \tag{2.73}$$

代入(2.54)式中求出:

$$F = -\frac{\mathrm{i}qE_0}{m\omega}M \tag{2.74}$$

其中

$$M = \int_V \varphi_2^*(\boldsymbol{r})(\boldsymbol{e}\cdot\hat{\boldsymbol{p}})\varphi_1(\boldsymbol{r})\mathrm{d}\boldsymbol{r} \tag{2.75}$$

M 是动量矩阵元.

此外, 考虑介质电极化, 将与时间有关的微扰算符写作:

$$\hat{H}'(t) = -q\boldsymbol{r}\cdot\boldsymbol{E}(t) \tag{2.76}$$

其中 $q\boldsymbol{r}$ 是电偶极矩算符.

由(1.49)和(2.76)式得到:

$$\hat{H}'(t) = -(\boldsymbol{e}\cdot q\boldsymbol{r})E_0\mathrm{e}^{\mathrm{i}\omega t} \tag{2.77}$$

因此, 与时间无关的微扰算符是:

$$\hat{F} = -(\boldsymbol{e}\cdot q\boldsymbol{r})E_0 \tag{2.78}$$

代入(2.54)式中求出:

$$F = -E_0 R \tag{2.79}$$

其中

$$R = \int_V \varphi_2^*(\boldsymbol{r})(\boldsymbol{e}\cdot q\boldsymbol{r})\varphi_1(\boldsymbol{r})\mathrm{d}\boldsymbol{r} \tag{2.80}$$

R 是电偶极矩矩阵元.

由(2.74)和(2.79)式求出：

$$\frac{R}{M} = \frac{\mathrm{i}q}{m\omega}$$ (2.81)

由于在体积 V 内只有一个光子，根据(2.35)式写出：

$$E_0^2 = \frac{2\hbar\omega}{\varepsilon\varepsilon_0 V}$$ (2.82)

代入(2.74)和(2.79)式中求出：

$$\begin{aligned}|F|^2 &= \frac{2\hbar\omega q^2}{m^2\omega^2\varepsilon\varepsilon_0 V}|M|^2 \\ &= \frac{2\hbar\omega}{\varepsilon\varepsilon_0 V}|R|^2\end{aligned}$$ (2.83)

注意，由于微扰算符是厄米算符，该式也适用于电子由能级 E_2 跃迁至能级 E_1 的情况. 因此

$$w_{21}(\omega) = w_{12}(\omega) = w(\omega)$$ (2.84)

2.3 光吸收和光发射

本节继续讨论电子和光子的相互作用，针对的是光吸收和光发射. 电子在由 E_1 向上跃迁至 E_2 的过程中吸收光子，这是光吸收；光吸收的速率等于电子向上跃迁的速率. 电子在由 E_2 向下跃迁至 E_1 的过程中发射光子，这是光发射；光发射的速率等于电子向下跃迁的速率.

2.3.1 光吸收概率

电子由 E_1 至 E_2 的跃迁对应于共振吸收. 单位时间的共振吸收概率是：

$$\xi(\omega) = NVw(\omega)$$ (2.85)

其中 NV 是吸收光的振子数.

由(2.62)和(2.85)式得到：

$$\xi(\omega) = NVw_0Q(\omega)$$ (2.86)

此外，由(1.17)，(1.61)和(1.117)式得到：

$$\xi(\omega) = \frac{q^2 N f}{2 m \varepsilon \varepsilon_0} \frac{\frac{\gamma}{2}}{(\omega_0 - \omega)^2 + \left(\frac{\gamma}{2}\right)^2} \tag{2.87}$$

将该式改写为：

$$\xi(\omega) = \xi_0 L(\omega) \tag{2.88}$$

其中

$$\xi_0 = \frac{q^2 N f \pi}{2 m \varepsilon \varepsilon_0} \tag{2.89}$$

$$L(\omega) = \frac{1}{\pi} \frac{\frac{\gamma}{2}}{(\omega_0 - \omega)^2 + \left(\frac{\gamma}{2}\right)^2} \tag{2.90}$$

ξ_0 和 $L(\omega)$ 分别是共振吸收概率的量值和分布函数. $L(\omega)$ 满足归一化条件：

$$\int_{-\infty}^{\infty} L(\omega) \mathrm{d}\omega = 1 \tag{2.91}$$

利用(2.65)和(2.91)式，由(2.86)和(2.88)式得到：

$$\xi_0 = N V w_0 \tag{2.92}$$

将(2.63)和(2.89)式代入(2.92)式中求出：

$$f = \frac{m \varepsilon \varepsilon_0 V}{q^2 \hbar^2} |F|^2 \tag{2.93}$$

将(2.83)式代入(2.93)式中求出：

$$f = \frac{2}{m \hbar \omega} |M|^2 = \frac{2 m \omega}{\hbar q^2} |R|^2 \tag{2.94}$$

这就是(1.86)式.

2.3.2　爱因斯坦公式

电子光跃迁分为三种情况：

(1) 能级 E_1 上的电子，在光子场的作用下，跃迁至能级 E_2，在跃迁过程中吸收能量为 $\hbar\omega$ 的光子，称为共振吸收. 共振吸收速率 R_{St}^a 与光子密度分布 $S(\hbar\omega)$ 成正比.

(2) 能级 E_2 上的电子, 在光子场的作用下, 跃迁至能级 E_1, 在跃迁过程中发射能量为 $\hbar\omega$ 的光子, 称为受激发射. 受激发射速率 R_{St}^e 与光子密度分布 $S(\hbar\omega)$ 成正比.

(3) 能量 E_2 上的电子, 在真空场的作用下, 跃迁至能级 E_1, 在跃迁过程中发射能量为 $\hbar\omega$ 的光子, 称为自发发射. 这里的真空场是: 当电子在能级 E_1 (基态) 上时, 场内没有光子; 当电子在能级 E_2 (激发态)上时, 场内的每个状态均具有一个光子. 因此, 量子理论没有自发发射的概念. 在量子理论中,所谓的自发发射, 其实也是受激发射, 只是受激发射速率 R_{Sp} 与光子状态密度分布 $\rho_S(\hbar\omega)$ 成正比而已.

显然, 共振吸收和受激发射均为相干过程, 而自发发射是随机过程.

现在, 我们来推导 R_{St}^a , R_{St}^e 和 R_{Sp} 的公式.

在稳定情况下, 将(2.61)式改写为:

$$w(\hbar\omega) = \frac{\pi}{2\hbar} |F|^2 \delta(\hbar\omega_0 - \hbar\omega) \tag{2.95}$$

根据(2.85)式写出:

$$\xi(\hbar\omega) = N_1 V w(\hbar\omega) \tag{2.96}$$

将(2.95)式代入(2.96)式中求出:

$$\xi(\hbar\omega) = \frac{\pi}{2\hbar} |F|^2 N_1 V \delta(\hbar\omega_0 - \hbar\omega) \tag{2.97}$$

受激吸收的速率是:

$$R_{St}^a = \int_{-\infty}^{\infty} \xi(\hbar\omega) S(\hbar\omega) \mathrm{d}(\hbar\omega) \tag{2.98}$$

利用(2.83)式, 将(2.95)式代入(2.96)式中求出:

$$R_{St}^a = BS(\hbar\omega)N_1 \tag{2.99}$$

其中
$$B = \frac{\pi\omega}{\varepsilon\varepsilon_0} |R|^2 \tag{2.100}$$

同理, 可以写出:

$$R_{St}^e = BS(\hbar\omega)N_2 \tag{2.101}$$

$$R_{Sp} = B\rho_S(\hbar\omega)N_2 \tag{2.102}$$

将(2.102)式改写为:

$$R_{Sp} = AN_2 \tag{2.103}$$

其中
$$A = B\rho_S(\hbar\omega) \tag{2.104}$$

(2.99),(2.101)和(2.103)式是爱因斯坦公式,B 和 A 是爱因斯坦系数.

由(2.99)和(2.101)式求出介质的受激发射速率:

$$R_{St} = R_{St}^{e} - R_{St}^{a} = BS(\hbar\omega)(N_2 - N_1) \tag{2.105}$$

显然,$R_{St} > 0$ 表示介质具有光增益,$R_{St} < 0$ 表示介质具有光损耗.由(2.105)式得到产生光放大的条件:

$$N_2 > N_1 \tag{2.106}$$

这是所谓的粒子数反转. 也就是说,在外部激发下,发射光的振子密度大于吸收光的振子密度.

2.3.3 能带间的跃迁

前面讨论的是能级间的跃迁,现在来讨论能带间的跃迁. 如图 2.3 所示,能级 E_1 和 E_2 均展宽为能带,电子由能级 E 跃迁至能级 $E-\hbar\omega$. 这时,E 是 $\hbar\omega$ 的函数,振子密度和发射速率均呈连续分布.

将吸收光的振子密度分布和发射光的振子密度分布分别写作:

$$N_1(\hbar\omega) = \rho_r(\hbar\omega)f_1(E - \hbar\omega)[1 - f_2(E)] \tag{2.107}$$

$$N_2(\hbar\omega) = \rho_r(\hbar\omega)f_2(E)[1 - f_1(E - \hbar\omega)] \tag{2.108}$$

其中 $\rho_r(\hbar\omega)$ 是振子状态密度分布.

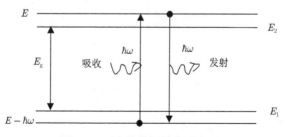

图 2.3 两个能带间的电子光跃迁

根据(2.22)式,将费米-狄拉克分布函数写作:

$$f_1(E - \hbar\omega) = \frac{1}{\mathrm{e}^{\frac{E - \hbar\omega - F_1}{kT}} + 1} \tag{2.109}$$

$$f_2(E) = \frac{1}{\mathrm{e}^{\frac{E - F_2}{kT}} + 1} \tag{2.110}$$

其中 F_1 和 F_2 分别是能带 1 和能带 2 的准费米能级.

根据(2.103)和(2.105)式, 将介质的自发发射速率分布和受激发射速率分布分别写作:

$$r_{Sp}(\hbar\omega) = A N_2(\hbar\omega) \tag{2.111}$$

$$r_{St}(\hbar\omega) = B S(\hbar\omega)[N_2(\hbar\omega) - N_1(\hbar\omega)] \tag{2.112}$$

将(2.108)式代入(2.111)式中求出:

$$r_{Sp}(\hbar\omega) = A \rho_r(\hbar\omega) f_2(E)[1 - f_1(E - \hbar\omega)] \tag{2.113}$$

将(2.107)和(2.108)式代入(2.112)式中求出:

$$r_{St}(\hbar\omega) = B S(\hbar\omega) \rho_r(\hbar\omega)[f_2(E) - f_1(E - \hbar\omega)] \tag{2.114}$$

由(2.114)式得到产生光放大的条件:

$$f_2(E) > f_1(E - \hbar\omega) \tag{2.115}$$

注意, (2.115)式与(2.106)式等效.

我们知道, 在电子正常分布的情况下, 总是 E_2 被电子占据的概率小于 E_1 被电子占据的概率. 然而, (2.115)式要求 E_2 被电子占据的概率大于 E_1 被电子占据的概率, 这是电子反常分布的情况. 因此, 电子反常分布是产生光放大的条件. 显然, 只有在外部激发下, 才能满足这个条件.

根据定义, 在自发发射与受激发射相比可以忽略的情况下, 将介质的光增益系数写作:

$$g(\hbar\omega) = \frac{n}{c} \frac{r_{St}(\hbar\omega)}{S(\hbar\omega)} \tag{2.116}$$

将(2.114)式代入(2.116)式中求出:

$$g(\hbar\omega) = \frac{n}{c} B \rho_r(\hbar\omega)[f_2(E) - f_1(E - \hbar\omega)] \tag{2.117}$$

利用 (2.104)，(2.109) 和 (2.110) 式，由 (2.113) 和 (2.117) 式求出：

$$g(\hbar\omega) = \frac{n}{c}\left(1 - e^{\frac{\hbar\omega-\Delta F}{kT}}\right)\frac{r_{Sp}(\hbar\omega)}{\rho_S(\hbar\omega)} \tag{2.118}$$

其中
$$\Delta F = F_2 - F_1 \tag{2.119}$$

ΔF 表示激发水平.

由 (2.118) 式得到产生光放大的条件：

$$\Delta F > \hbar\omega \tag{2.120}$$

将 (2.109) 和 (2.110) 式代入 (2.115) 式中，也能求出 (2.119) 式. 因此，(2.120) 式与 (2.115) 式等效.

(2.118) 式表示光增益谱与自发发射谱的关系. 在 $\Delta F \to 0$ 的情况下，由 (1.91) 和 (2.118) 式得到：

$$\alpha(\hbar\omega) = \frac{n}{c}(e^{\frac{\hbar\omega}{kT}} - 1)\frac{r_{Sp}(\hbar\omega)}{\rho_S(\hbar\omega)} \tag{2.121}$$

这是范鲁斯布雷克-肖克莱关系. 利用这个关系，可以由测量的光吸收谱换算成自发发射谱. 图 2.4 表示测量的 GaAs 的光吸收谱，图 2.5 表示换算的 GaAs 的自发发射谱. 后者与直接测量的结果一致.

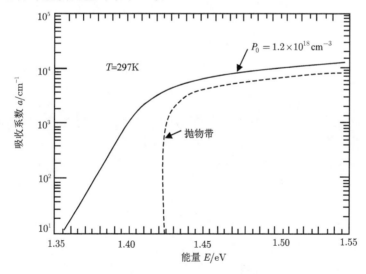

图 2.4　测量的 GaAs 的光吸收谱

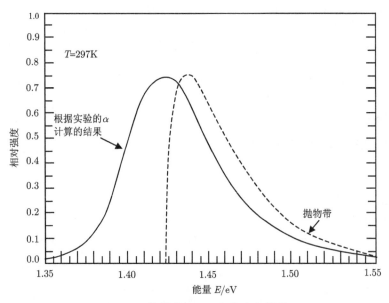

图 2.5 换算的 GaAs 的自发发射谱

最后，利用(1.17)和(2.100)式，将(1.92)式改写为：

$$g(\hbar\omega) = \frac{n}{c} B(N_2 - N_1) L(\hbar\omega) \tag{2.122}$$

其中

$$L(\hbar\omega) = \frac{1}{\pi} \frac{\frac{\hbar\gamma}{2}}{(\hbar\omega_0 - \hbar\omega)^2 + \left(\frac{\hbar\gamma}{2}\right)^2} \tag{2.123}$$

可见，在形式上，(2.122)式与(2.117)式完全一致. 当然，也可以认为，由于 $\gamma \neq 0$ ，能级展宽了， $L(\hbar\omega)$ 是振子密度的分布函数.

注意，(2.117)和(2.122)式分别适用于能带间的跃迁和能级间的跃迁.

2.4　密度矩阵分析

前面的分析只能用于平衡系统，而密度矩阵分析可以用于非平衡系统. 例如，对于激光器，前者只能用于器件在阈值以下发光的情况，而后者可以用于器件在阈值以上发光的情况. 这里，首先介绍密度矩阵算符和密度矩阵元方程，然后推导光增益的表达式.

2.4.1　密度矩阵

仍然考虑图 2.1 所示的二能级系统, 将其波函数写作:

$$\psi(\boldsymbol{r} \cdot t) = a_1(t)\varphi_1(\boldsymbol{r}) + a_2(t)\varphi_2(\boldsymbol{r}) \tag{2.124}$$

其中 $\varphi_n(\boldsymbol{r})$ 是本征函数, $n = 1, 2$.

定义密度矩阵算符:

$$\rho = \begin{vmatrix} \rho_{11} & \rho_{12} \\ \rho_{21} & \rho_{22} \end{vmatrix} \tag{2.125}$$

其中对角矩阵元 $\rho_{11} = a_1^* a_1 = |a_1|^2$ 和 $\rho_{22} = a_2^* a_2 = |a_2|^2$ 分别表示两个状态被电子占据的概率, 非对角矩阵元 $\rho_{12} = a_2^* a_1$ 和 $\rho_{21} = a_1^* a_2$ 分别表示电子在两个状态之间跃迁的概率. 将各矩阵元分别展开为:

$$\rho_{11} = \rho_{11}^{(0)} + \rho_{11}^{(2)} + \ldots \tag{2.126}$$

$$\rho_{22} = \rho_{22}^{(0)} + \rho_{22}^{(2)} + \ldots \tag{2.127}$$

$$\rho_{12} = \rho_{12}^{(1)} + \rho_{12}^{(3)} + \ldots \tag{2.128}$$

$$\rho_{21} = \rho_{21}^{(1)} + \rho_{21}^{(3)} + \ldots \tag{2.129}$$

其中 $\rho^{(l)}$ 表示该项与光波振幅的 l 次方成正比. 对角矩阵元只有偶次方项, 非对角矩阵元只有奇次方项.

密度矩阵元方程是:

$$\frac{\mathrm{d}}{\mathrm{d}t} \rho_{11}^{(l)} = \frac{F^*(t)}{\mathrm{i}\hbar} [\rho_{21}^{(l-1)} - \rho_{12}^{(l-1)}] - \frac{\rho_{11}^{(l)}}{\tau} \tag{2.130}$$

$$\frac{\mathrm{d}}{\mathrm{d}t} \rho_{22}^{(l)} = \frac{F^*(t)}{\mathrm{i}\hbar} [\rho_{12}^{(l-1)} - \rho_{21}^{(l-1)}] - \frac{\rho_{22}^{(l)}}{\tau} \tag{2.131}$$

$$\frac{\mathrm{d}}{\mathrm{d}t} \rho_{12}^{(l+1)} = \frac{F(t)}{\mathrm{i}\hbar} [\rho_{11}^{(l)} - \rho_{22}^{(l)}] - \frac{\rho_{12}^{(l+1)}}{\tau} \tag{2.132}$$

$$\frac{\mathrm{d}}{\mathrm{d}t} \rho_{21}^{(l+1)} = \frac{F(t)}{\mathrm{i}\hbar} [\rho_{22}^{(l)} - \rho_{11}^{(l)}] - \frac{\rho_{21}^{(l+1)}}{\tau} \tag{2.133}$$

其中 $F(t)$ 是与时间有关的微扰矩阵元, τ 是系统的弛豫时间, 在这里就是激发态寿命.

对于共振跃迁，取旋转波近似，根据(2.53)和(2.79)式写出：

$$F(t) = -\frac{1}{2}E_0|R|\mathrm{e}^{\mathrm{i}(\omega_0-\omega)t} \tag{2.134}$$

$$F^*(t) = -\frac{1}{2}E_0|R|\mathrm{e}^{-\mathrm{i}(\omega_0-\omega)t} \tag{2.135}$$

初始条件是：

$$\rho_{11}{}^{(0)} = f_1(E_1) \tag{2.136}$$

$$\rho_{22}{}^{(0)} = f_2(E_2) \tag{2.137}$$

$$\frac{\mathrm{d}}{\mathrm{d}t}\rho_{11}{}^{(0)} = \Lambda_1 - \frac{\rho_{11}{}^{(0)}}{\tau} \tag{2.138}$$

$$\frac{\mathrm{d}}{\mathrm{d}t}\rho_{22}{}^{(0)} = \Lambda_2 - \frac{\rho_{22}{}^{(0)}}{\tau} \tag{2.139}$$

其中 f 是费米-狄拉克分布函数，Λ 是电子注入的概率.

2.4.2 线性电极化

令 $l=0$，利用(2.136)和(2.137)式，由(2.132)和(2.133)式分别求出：

$$\rho_{12}{}^{(1)} = \frac{|R|}{2\hbar}E_0[f_1(E_1)-f_2(E_2)]\frac{\mathrm{e}^{\mathrm{i}(\omega_0-\omega)t}}{(\omega_0-\omega)+\dfrac{\mathrm{i}}{\tau}} \tag{2.140}$$

$$\rho_{21}{}^{(1)} = \frac{|R|}{2\hbar}E_0[f_2(E_2)-f_1(E_1)]\frac{\mathrm{e}^{\mathrm{i}(\omega_0-\omega)t}}{(\omega_0-\omega)+\dfrac{\mathrm{i}}{\tau}} \tag{2.141}$$

将介质的复电极化强度写作：

$$\tilde{P}^{(1)} = \tilde{\chi}^{(1)}\varepsilon_0\frac{1}{2}E_0\mathrm{e}^{\mathrm{i}(\omega_0-\omega)t} = N_r\rho_{12}{}^{(1)}|R| \tag{2.142}$$

其中 N_r 是振子状态密度.

由(2.140)和(2.142)式求出：

$$\tilde{\chi}^{(1)}(\omega) = \frac{|R|^2}{\hbar\varepsilon_0}N_r[f_1(E_1)-f_2(E_2)]\frac{1}{(\omega_0-\omega)+\dfrac{\mathrm{i}}{\tau}} \tag{2.143}$$

由(2.143)式求出：

$$\chi^{(1)}(\omega) = \frac{|R|^2}{\hbar\varepsilon_0}N_r[f_1(E_1)-f_2(E_2)]\frac{\omega_0-\omega}{(\omega_0-\omega)^2+\dfrac{1}{\tau^2}} \tag{2.144}$$

$$\chi'^{(1)}(\omega) = \frac{|R|^2}{\hbar\varepsilon_0} N_r [f_1(E_1) - f_2(E_2)] \frac{\frac{1}{\tau}}{(\omega_0 - \omega)^2 + \frac{1}{\tau^2}} \tag{2.145}$$

(2.144)和(2.145)式分别与(1.87)和(1.88)式等效. 由(1.88)和(2.145)式求出:

$$N = N_1 - N_2 = N_r [f_1(E_1) - f_2(E_2)] \tag{2.146}$$

$$\frac{\gamma}{2} = \frac{1}{\tau} \tag{2.147}$$

2.4.3　光增益饱和

令 $l = 2$,利用(2.140)和(2.141)式,由(2.130)和(2.131)式分别求出:

$$\rho_{11}^{(2)} = -\frac{\tau}{2\hbar^2} |R|^2 E_0^2 [f_1(E_1) - f_2(E_2)] \frac{1}{(\omega_0 - \omega) + \frac{i}{\tau}} \tag{2.148}$$

$$\rho_{22}^{(2)} = -\frac{\tau}{2\hbar^2} |R|^2 E_0^2 [f_2(E_2) - f_1(E_1)] \frac{1}{(\omega_0 - \omega) + \frac{i}{\tau}} \tag{2.149}$$

取其虚部得到:

$$\rho_{11}^{(2)} = -\frac{|R|^2}{2\hbar^2} E_0^2 [f_1(E_1) - f_2(E_2)] \frac{1}{(\omega_0 - \omega)^2 + \frac{1}{\tau^2}} \tag{2.150}$$

$$\rho_{22}^{(2)} = -\frac{|R|^2}{2\hbar^2} E_0^2 [f_2(E_2) - f_1(E_1)] \frac{1}{(\omega_0 - \omega)^2 + \frac{1}{\tau^2}} \tag{2.151}$$

代入(2.132)式中求出:

$$\rho_{12}^{(3)} = -\frac{|R|^3}{4\hbar^3} E_0^3 [f_1(E_1) - f_2(E_2)] \frac{e^{i(\omega_0 - \omega)t}}{(\omega_0 - \omega)^2 + \frac{1}{\tau^2}} \frac{1}{(\omega_0 - \omega) + \frac{i}{\tau}} \tag{2.152}$$

将(2.140)和(2.152)式代入(2.128)式中求出:

$$\rho_{12} = \rho_{12}^{(1)} (1 - bE_0^2) \tag{2.153}$$

其中
$$b = \frac{|R|^2}{2\hbar^2} \frac{1}{(\omega_0 - \omega)^2 + \frac{1}{\tau^2}}$$
(2.154)

利用(2.33)式, 将(2.153)式改写为

$$\rho_{12} = \rho_{12}{}^{(1)}\left(1 - \frac{I}{I_0}\right)$$
(2.155)

其中
$$I_0 = \frac{cn\varepsilon_0}{2b}$$
(2.156)

I_0 是饱和光强度.

利用(2.35)式, 将(2.153)式改写为

$$\rho_{12} = \rho_{12}{}^{(1)}\left(1 - \frac{S}{S_0}\right)$$
(2.157)

其中
$$S_0 = \frac{\varepsilon\varepsilon_0}{2b\hbar\omega}$$
(2.158)

S_0 是饱和光子密度.

因此, 将非线性光增益系数写作:

$$g = g^{(1)}(1 - \frac{I}{I_0}) = g^{(1)}\left(1 - \frac{S}{S_0}\right)$$
(2.159)

其中 $g^{(1)}$ 由(2.122)和(2.123)式来表示.

图 2.6 上的虚线表示线性光增益, 而实线表示在强光下的光增益谱烧孔.

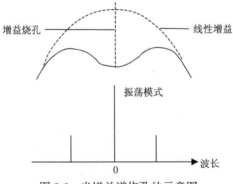

图 2.6 光增益谱烧孔的示意图

2.4.4　振子速率方程

考虑发射光的振子.

令 $l = 2$ ，根据(2.131)式写出：

$$\frac{\mathrm{d}}{\mathrm{d}t}\rho_{22}{}^{(2)} = \frac{F^*(t)}{\mathrm{i}\hbar}[\rho_{12}{}^{(1)} - \rho_{21}{}^{(1)}] - \frac{\rho_{22}{}^{(2)}}{\tau} \tag{2.160}$$

由(2.127)，(2.139)和(2.160)式得到：

$$\frac{\mathrm{d}}{\mathrm{d}t}\rho_{22} = \Lambda_2 + \frac{F^*(t)}{\mathrm{i}\hbar}[\rho_{12}{}^{(1)} - \rho_{21}{}^{(1)}] - \frac{\rho_{22}}{\tau} \tag{2.161}$$

将(2.140)和(2.141)式代入(2.161)式中求出：

$$\frac{\mathrm{d}}{\mathrm{d}t}\rho_{22} = \Lambda_2 + \frac{|R|^2}{2\hbar^2}E_0{}^2[f_1(E_1) - f_2(E_2)]\frac{1}{(\omega_0 - \omega) + \dfrac{\mathrm{i}}{\tau}} - \frac{\rho_{22}}{\tau} \tag{2.162}$$

取其虚部得到：

$$\frac{\mathrm{d}}{\mathrm{d}t}\rho_{22} = \Lambda_2 + \frac{|R|^2}{2\hbar^2}E_0{}^2[f_1(E_1) - f_2(E_2)]\frac{\dfrac{1}{\tau}}{(\omega_0 - \omega) + \dfrac{1}{\tau^2}} - \frac{\rho_{22}}{\tau} \tag{2.163}$$

将该式两边乘以 N_r ，利用(2.35)和(2.145)式，得到：

$$\frac{\mathrm{d}}{\mathrm{d}t}N_2 = N_r\Lambda_2 + \frac{\omega}{\epsilon}\chi'S - \frac{N_2}{\tau} \tag{2.164}$$

利用(1.17)和(1.117)式，将(2.164)式改写为：

$$\frac{\mathrm{d}}{\mathrm{d}t}N_2 = N_r\Lambda_2 + \xi S - \frac{N_2}{\tau} \tag{2.165}$$

利用(1.91)和(1.119)式，将(2.165)式改写为：

$$\frac{\mathrm{d}}{\mathrm{d}t}N_2 = N_r\Lambda_2 - \frac{c}{n}gS - \frac{N_2}{\tau} \tag{2.166}$$

该式为发射光的振子的速率方程.

参 考 文 献

[1] 史斌星. 量子物理, 第 1、6 章. 北京：清华大学出版社, 1982.

[2] 许崇桂, 余加莉. 统计与量子力学基础, 第 4、10 章. 北京：清华大学出版社, 1991.

[3] 周世勋. 量子力学教程, 第 5 章. 北京：人民教育出版社, 1979.

[4] 郭长志. 半导体激光模式理论, 第 1 章. 北京：人民邮电出版社, 1989.

[5] Casey H C, Panish M B. Heterostructure Lasers, Part A, Chap. 3. New York: Academic Press, 1978.

[6] Yamada M, Suematsu Y. Japan J. Appl. Phys., 1979, 18, Suppl. 18-1: 347.

[7] Saleh B E A, Teich M C. Fundamentals of Photonics, Chap. 2. New York: John Wiley & Sons, 1991.

[8] Yariv A. Quantum Electronics. New York: John Wiley & Sons, 1968.

[9] Marcuse D. Principle of Quantum Electronics. New York: Academic Press, 1980.

[10] 栖原敏明. 半导体激光器基础, 第 2 章. 周南生, 译. 北京：科学出版社, 共立出版, 2002.

第 3 章　半导体发光

3.1　半　导　体

半导体激光器是由半导体材料制作的. 因此，半导体激光器理论离不开半导体物理. 现在，我们回顾一下已经学过的半导体物理的基本知识，包括能带和载流子的概念，以及载流子密度、载流子复合和载流子注入. 在半导体发光的理论分析中，这些半导体物理的基本知识是必不可少的.

3.1.1　能带

1. 能带模型

本征半导体是完整的纯净的晶体，电子在理想的周期势场内运动. 晶格原子的内层电子的状态几乎没有变化，其能量本征值仍然是一些分立的能级. 然而，晶格原子的外层电子(价电子)的状态发生了很大的变化，其能量本征值形成了两个能带，如图 3.1 所示. 能量高者称为导带，导带边 E_C 附近的状态是类 S 态；能量低者称为价带，价带边 E_V 附近的状态是类 P 态. 在导带和价带之间的带隙内没有电子状态. 带隙宽度是：

$$E_g = E_C - E_V \tag{3.1}$$

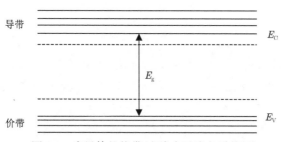

图 3.1　半导体的能带(虚线表示浅杂质能级)

图 3.2 是 k 空间能带图. 导带边和价带边具有相同的波矢者，为直接带隙半导体，如 GaAs，其能带图如图 3.2(a)所示. 导带边和价带边具有不同的波矢者，为间接带隙半导体，如 GaP，其能带图如图 3.2(b)所示.

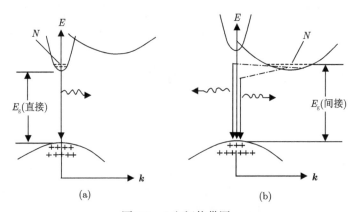

图 3.2　k 空间能带图

(a)直接带隙半导体内的光子发射；　(b) 间接带隙半导体内的光子发射

在直接带隙半导体内，能带之间的光跃迁是直接进行的，不必有声子参与，结果是光子的吸收和发射效率很高；在间接带隙半导体内，能带之间的光跃迁是间接进行的，必须有声子参与，结果是光子的吸收和发射效率很低. 因此，在半导体激光器内，作为发光介质的有源区，必须是直接带隙半导体.

2. 布洛赫函数

在本征半导体内，晶格原子的价电子，是半束缚半自由的电子. 所谓束缚，是指电子在晶格原子内沿轨道运动；所谓自由，是指电子在整个晶体内共有化运动. 显然，半束缚半自由者，就是这两种运动兼而有之.

电子状态的波函数是布洛赫函数，对于导带和价带分别写作：

$$\varphi_{\mathrm{C}}(\boldsymbol{r}) = V^{-1/2} u_{\mathrm{C}}(\boldsymbol{r}) \mathrm{e}^{\mathrm{i}\boldsymbol{k}_{\mathrm{C}} \cdot \boldsymbol{r}} \qquad (3.2)$$

$$\varphi_{\mathrm{V}}(\boldsymbol{r}) = V^{-1/2} u_{\mathrm{V}}(\boldsymbol{r}) \mathrm{e}^{\mathrm{i}\boldsymbol{k}_{\mathrm{V}} \cdot \boldsymbol{r}} \qquad (3.3)$$

其中 $\boldsymbol{k}_{\mathrm{C}}$ 和 $\boldsymbol{k}_{\mathrm{V}}$ 分别是导带和价带的波矢，$u_{\mathrm{C}}(\boldsymbol{r})$ 和 $u_{\mathrm{V}}(\boldsymbol{r})$ 分别是导带和价带的具有晶格周期的周期函数. 布洛赫函数表示振幅周期变化的平面波. 概括地说,周期函数因子表示电子在晶格原子内沿轨道运动，平面波函数因子表示电子在整个晶体内共有化运动. $u_{\mathrm{C}}(\boldsymbol{r})$ 和 $u_{\mathrm{V}}(\boldsymbol{r})$ 均由具体的能带结构来决定，对电子的光跃迁起关键作用.

3. 有效质量近似

若一个电子由价带跃迁至导带，则在价带内留下一个空穴；反之，若一个电子由导带跃迁至价带，则使价带内失去一个空穴. 前者是电子-空穴对的产生，后者是电子-空穴对的复合. 电子是具有负电荷 q 的粒子，空穴等效为具有正电荷 q 的粒子. 导带内的电子和价带内的空穴均能够迁移，对半导体内的电流作出贡献.

因此，我们将二者统称为载流子.

在半导体内，只要采用有效质量来替代电子的惯性质量，载流子的运动规律就可以由经典力学和量子力学的方程来描述，这是有效质量近似. 因此，对于导带边附近的电子和价带边附近的空穴，根据(2.14)式分别写出：

$$E = E_C + \frac{\hbar^2 k^2}{2m_C^*} \tag{3.4}$$

$$E = E_V - \frac{\hbar^2 k^2}{2m_V^*} \tag{3.5}$$

其中 m_C^* 和 m_V^* 分别是导带内电子和价带内空穴的有效质量. 根据(2.21)和(3.4)式，写出导带状态密度分布：

$$\rho_C(E) = \frac{(2m_C^*)^{3/2}}{2\pi^2 \hbar^3} (E - E_C)^{1/2} \tag{3.6}$$

根据(2.21)和(3.5)式，写出价带状态密度分布：

$$\rho_V(E) = \frac{(2m_V^*)^{3/2}}{2\pi^2 \hbar^3} (E_V - E)^{1/2} \tag{3.7}$$

4. 杂质和缺陷

在实际半导体材料内，难免有杂质和缺陷存在，缺陷等效于杂质. 而且，在半导体的应用中，人们还有意掺入适当的杂质，旨在改变材料的电学性质和光学性质.

如果杂质原子比晶格原子多一个价电子，它就可能提供一个电子给导带，故称为施主，施主能级在导带边下面. 如果杂质原子比晶格原子少一个价电子，它就可能接受一个由价带提供的电子，也就是它可能提供一个空穴给价带，故称为受主，受主能级在价带边上面. 在轻掺杂半导体内，施主能级和受主能级均为浅能级，如图 3.1 中的虚线所示. 施主和受主的电离能分别是：

$$E_D = \frac{m_C^* q^4}{2(4\pi\varepsilon\varepsilon_0\hbar)^2} \tag{3.8}$$

$$E_A = \frac{m_V^* q^4}{2(4\pi\varepsilon\varepsilon_0\hbar)^2} \tag{3.9}$$

掺入施主杂质的半导体是 n 型半导体，其中的多数载流子是电子，而少数载流子是空穴. 将施主杂质密度记作 N_D. 掺入受主杂质的半导体是 p 型半导体, 其中的多数载流子是空穴, 而少数载流子是电子. 将受主杂质密度记作 N_A. 在同时掺入施主杂质和受主杂质的半导体内, 这两种杂质相互补偿, 二者的密度之差起有效施主或有效受主的作用.

在重掺杂半导体内, 随机分布的施主杂质团和受主杂质团完全电离而成为相应的离子团. 这些离子团的库仑势对能带边产生局域微扰. 因此, 造成能带边涨落, 形成了深入带隙内的导带尾巴和价带尾巴.

由杂质造成的带隙收缩量是:

$$E_0 = \frac{q^2}{4\pi^{2/3}\varepsilon\varepsilon_0}(N_0 + N_A)^{1/3} \tag{3.10}$$

图 3.3 表示计算的 GaAs 的带隙收缩量与杂质密度的关系. 计算结果与实验数据一致.

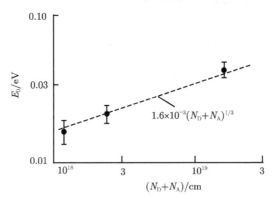

图 3.3　GaAs 的带隙收缩量 E_0 与总杂质密度 (N_D+N_A) 的关系

3.1.2　载流子密度

根据 (2.23) 式, 分别写出导带电子密度和价带空穴密度:

$$N = \int_{E_C}^{\infty} \rho_C(E) f_C(E) \mathrm{d}E \tag{3.11}$$

$$P = \int_{-\infty}^{E_V} \rho_V(E)[1 - f_V(E)] \mathrm{d}E \tag{3.12}$$

为了简化计算, 令导带能量以 E_C 为原点向上取正值, 而价带能量以 E_V 为原点向下取正值:

$$X_C = E - E_C \tag{3.13}$$

$$F'_C = F_C - E_C \tag{3.14}$$

$$X_V = E_V - E \tag{3.15}$$

$$F'_V = E_V - F_V \tag{3.16}$$

因此, (3.6)和(3.7)式均改写为:

$$\rho_i(E) = \frac{(2m_i^*)^{3/2}}{2\pi^2\hbar^3} X_i^{1/2} \tag{3.17}$$

其中 i=C,V.

根据(2.22)式写出:

$$f_C(E) = \frac{1}{\mathrm{e}^{\frac{X_C - F'_C}{kT}} + 1} \tag{3.18}$$

$$f_V(E) = \frac{1}{\mathrm{e}^{\frac{F'_V - X_C}{kT}} + 1} \tag{3.19}$$

由(3.14)式得到:

$$1 - f_V(E) = \frac{1}{\mathrm{e}^{\frac{X_V - F'_V}{kT}} + 1} \tag{3.20}$$

将(3.17)和(3.18)式带入(3.11)式中, 将(3.17)和(3.20)式带入(3.12)式中, 分别求出导带电子密度和价带空穴密度:

$$N, P = \frac{(2m_i^*)^{3/2}}{2\pi^2\hbar^3} \int_0^\infty \frac{X_i^{1/2}}{\mathrm{e}^{\frac{X_i - F'_i}{kT}} + 1} \mathrm{d}X_i \tag{3.21}$$

令

$$\xi_i = \frac{X_i}{kT} \tag{3.22}$$

$$\eta_i = \frac{F'_i}{kT} \tag{3.23}$$

将(3.21)式改写为:

$$N, P = N_i F_{1/2}(\eta_i) \tag{3.24}$$

其中

$$N_i = \frac{\sqrt{\pi}}{2} (kT)^{3/2} \frac{(2m_i^*)^{3/2}}{2\pi^2\hbar^3} \tag{3.25}$$

$$F_{1/2}(\eta_i) = \frac{2}{\sqrt{\pi}} \int_0^\infty \frac{\xi_i^{1/2}}{\mathrm{e}^{\xi_i - \eta_i} + 1} \mathrm{d}\xi_i \tag{3.26}$$

N_i 是有效状态密度, (3.26)式称为费米积分. 表 3.1 是费米积分表.

表 3.1　费米积分表

η	F	η	F	η	F
−4.0	1.8199(−2)	0.0	7.6515(−1)	4.0	6.5115(0)
−3.9	2.0099(−2)	0.1	8.2756(−1)	4.2	6.9548(0)
−3.8	2.2195(−2)	0.2	8.9388(−1)	4.4	7.4100(0)
−3.7	2.4510(−2)	0.3	9.6422(−1)	4.6	7.8769(0)
−3.6	2.7063(−2)	0.4	1.0387(0)	4.8	8.3550(0)
−3.5	2.9880(−2)	0.5	1.1173(0)	5.0	8.8442(0)
−3.4	3.2986(−2)	0.6	1.2003(0)	5.2	9.3441(0)
−3.3	3.6412(−2)	0.7	1.2875(0)	5.4	9.8546(0)
−3.2	4.0187(−2)	0.8	1.3791(0)	5.6	1.0375(+1)
−3.1	4.4349(−2)	0.9	1.4752(0)	5.8	1.0906(+1)
−3.0	4.8933(−2)	1.0	1.5756(0)	6.0	1.1447(+1)
−2.9	5.3984(−2)	1.1	1.6806(0)	6.2	1.1997(+1)
−2.8	5.9545(−2)	1.2	1.7900(0)	6.4	1.2556(+1)
−2.7	6.5665(−2)	1.3	1.9038(0)	6.6	1.3125(+1)
−2.6	7.2398(−2)	1.4	2.0221(0)	6.8	1.3703(+1)
−2.5	7.9804(−2)	1.5	2.1449(0)	7.0	1.1447(+1)
−2.4	8.7944(−2)	1.6	2.2720(0)	7.2	1.1997(+1)
−2.3	9.6887(−2)	1.7	2.4035(0)	7.4	1.2556(+1)
−2.2	1.0671(−1)	1.8	2.5393(0)	7.6	1.3125(+1)
−2.1	1.1748(−1)	1.9	2.6794(0)	7.8	1.3703(+1)
−2.0	1.2930(−1)	2.0	2.8237(0)	8.0	1.7355(+1)
−1.9	1.4225(−1)	2.1	2.9722(0)	8.2	1.7993(+1)
−1.8	1.5642(−1)	2.2	3.1249(0)	8.4	1.8639(+1)
−1.7	1.7193(−1)	2.3	8.2816(0)	8.6	1.9293(+1)
−1.6	1.8889(−1)	2.4	3.4423(0)	8.8	1.9954(+1)
−1.5	2.0740(−1)	2.5	3.6070(0)	9.0	2.0624(+1)
−1.4	2.2759(−1)	2.6	3.7755(0)	9.2	2.1301(+1)
−1.3	2.4959(−1)	2.7	3.9980(0)	9.4	2.1986(+1)
−1.2	2.7353(−2)	2.8	4.1241(0)	9.6	2.2678(+1)
−1.1	2.9955(−1)	2.9	4.3040(0)	9.8	2.3378(+1)
−1.0	3.2780(−1)	3.0	4.4876(0)	10.0	2.4085(+1)
−0.9	3.5841(−1)	3.1	4.6747(0)		
−0.8	3.9154(−1)	3.2	4.8653(0)		
−0.7	4.2733(−1)	3.3	5.0595(0)		
−0.6	4.6595(−1)	3.4	5.2571(0)		
−0.5	5.0754(−1)	3.5	5.4580(0)		
−0.4	5.5224(−1)	3.6	5.6623(0)		
−0.3	6.0022(−1)	3.7	5.8699(0)		
−0.2	6.5161(−1)	3.8	6.0806(0)		
−0.1	7.0654(−1)	3.9	6.2945(0)		

注: 括号内的数字是表内的数据乘以 10 的幂次.

由(3.24)式得到:

$$NP = N_{\mathrm{C}} N_{\mathrm{V}} \frac{\mathrm{e}^{\eta_{\mathrm{C}}} \mathrm{e}^{\eta_{\mathrm{V}}}}{M} \tag{3.27}$$

其中

$$M = \frac{\mathrm{e}^{\eta_{\mathrm{C}}} \mathrm{e}^{\eta_{\mathrm{V}}}}{F_{1/2}(\eta_{\mathrm{C}}) F_{1/2}(\eta_{\mathrm{V}})} \tag{3.28}$$

M 是载流子简并化因子, 图 3.4 表示本征 GaAs 的 M 与 N 的关系.

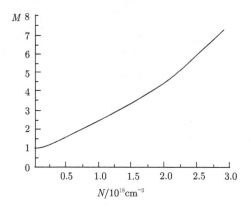

图 3.4　本征 GaAs 的简并化因子 M 与载流子密度 N 的关系

利用(2.119)和(3.1)式, 由(3.14)和(3.16)式得到:

$$F_{\mathrm{C}}' + F_{\mathrm{V}}' = \Delta F - E_{\mathrm{g}} \tag{3.29}$$

由(3.23), (3.27)和(3.29)式求出:

$$NP = N_{\mathrm{C}} N_{\mathrm{V}} \frac{\mathrm{e}^{\frac{\Delta F - E_{\mathrm{g}}}{kT}}}{M} \tag{3.30}$$

在没有载流子注入时, $\Delta F = 0$, (3.30)式简化为:

$$N_0 P_0 = N_{\mathrm{C}} N_{\mathrm{V}} \mathrm{e}^{-\frac{E_{\mathrm{g}}}{kT}} \tag{3.31}$$

由(3.30)和(3.31)式求出:

$$NP = N_0 P_0 \frac{\mathrm{e}^{\frac{\Delta F}{kT}}}{M} \tag{3.32}$$

在非简异化的情况下，(3.24)，(3.27)和(3.32)式分别简化为：

$$NP = N_i e^{\eta_i} \tag{3.33}$$

$$NP = N_C N_V e^{\eta_C} e^{\eta_V} \tag{3.34}$$

$$NP = N_0 P_0 e^{\frac{\Delta F}{kT}} \tag{3.35}$$

3.1.3 载流子复合

电子–空穴对产生的过程是载流子注入，电子–空穴对消灭的过程是载流子复合. 在复合过程中发射光子者，称为辐射复合；在复合过程中发射声子者，称为无辐射复合. 无辐射复合有两种：一是有深能级杂质参与的复合，称为杂质复合；二是有自由载流子参与的复合，称为俄歇复合. 半导体激光器的有源区多为本征半导体. 因此，这里只讨论本征半导体的载流子复合.

1. 辐射复合是电子和空穴直接复合，如图3.5(a)所示. 将单位体积的复合速率写作：

$$R_r = B^* N^2 \tag{3.36}$$

其中 B^* 是辐射复合系数.

令辐射复合寿命为 τ_r，则有：

$$R_r = \frac{N}{\tau_r} \tag{3.37}$$

由(3.36)和(3.37)式求出：

$$\frac{1}{\tau_r} = B^* N \tag{3.38}$$

2. 深能级杂质是复合中心，它能俘获电子和空穴，导致二者复合，如图 3.5(b) 所示. 将单位体积的复合速率写作：

$$R_i = A^* N \tag{3.39}$$

其中 A^* 是杂质复合系数. 这个系数是：

$$A^* = N_i \frac{A_e A_h}{A_e + A_h} \tag{3.40}$$

其中 N_i 是深能级杂质密度，A_e 和 A_h 分别是电子俘获系数和空穴俘获系数：

$$A_e = \sigma_e \sqrt{\frac{3kT}{m}} \tag{3.41}$$

$$A_h = \sigma_h \sqrt{\frac{3kT}{m}} \tag{3.42}$$

$$\sigma_e \propto e^{-\frac{E_{ie}}{kT}} \tag{3.43}$$

$$\sigma_h \propto e^{-\frac{E_{ih}}{kT}} \tag{3.44}$$

σ_e 和 σ_h 分别是电子俘获截面和空穴俘获截面，E_{ie} 和 E_{ih} 分别是杂质复合的电子势垒和空穴势垒. 显然，杂质复合是热激活的，即温度越高复合系数越大.

令杂质复合寿命为 τ_i，则有：

$$R_i = \frac{N}{\tau_i} \tag{3.45}$$

由(3.39)和(3.45)式求出：

$$\frac{1}{\tau_i} = A^* \tag{3.46}$$

3. 俄歇复合是电子和空穴复合释放的能量给予第三个载流子，如图 3.5(c)所示. 能带间的俄歇复合过程包括与电子碰撞的复合(eeh)和与空穴碰撞的复合(ehh). 将单位体积的复合速率写作：

$$R_a = C^* N^3 \tag{3.47}$$

其中 C^* 是俄歇复合系数. 这个系数是：

$$C^* = C_e + C_h \tag{3.48}$$

其中 C_e 和 C_h 分别是 eeh 和 ehh 的俄歇复合系数：

$$C_e \propto (kT)^{-3/2} e^{-\frac{E_{ae}}{kT}} \tag{3.49}$$

$$C_h \propto (kT)^{-3/2} e^{-\frac{E_{ah}}{kT}} \tag{3.50}$$

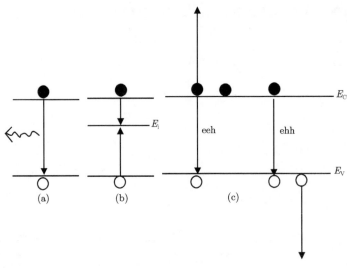

图 3.5 载流子复合的示意图

(a)辐射复合；(b)杂质复合；(c)俄歇复合

E_{ae} 和 E_{ah} 分别是俄歇复合的电子势垒和空穴势垒. 显然, 俄歇复合也是热激活的, 也是温度越高复合系数越大.

令俄歇复合寿命为 τ_a, 则有:

$$R_a = \frac{N}{\tau_a} \tag{3.51}$$

由(3.47)和(3.51)式求出:

$$\frac{1}{\tau_a} = C^* N^2 \tag{3.52}$$

4. 现在, 我们来写出量子效率. 总复合速率是:

$$R = R_r + R_i + R_a \tag{3.53}$$

令总复合寿命为 τ, 则有:

$$R = \frac{N}{\tau} \tag{3.54}$$

$$\frac{1}{\tau} = \frac{1}{\tau_r} + \frac{1}{\tau_i} + \frac{1}{\tau_a} \tag{3.55}$$

量子效率定义为辐射复合速率与总复合速率之比, 写作:

$$\eta_i = \frac{R_r}{R} \tag{3.56}$$

将(3.37)和(3.54)式代入(3.56)式中求出：

$$\eta_i = \frac{\tau}{\tau_r} \tag{3.57}$$

3.1.4　载流子注入

在半导体内，当有载流子注入时，载流子呈不均匀分布. 考虑厚度为 d 的半导体，令注入电子流密度为 j_i，如图 3.6 所示.

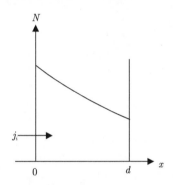

图 3.6　载流子分布的示意图

采用扩散模型，写出电子扩散方程：

$$D\frac{\mathrm{d}N(x)}{\mathrm{d}x^2} - \frac{N(x)}{\tau} = 0 \tag{3.58}$$

其中 τ 和 D 分别是电子的寿命和扩散系数.

扩散电子流密度是：

$$j(x) = -D\frac{\mathrm{d}N(x)}{\mathrm{d}x} \tag{3.59}$$

由于在 $x=0$ 处有电子注入，而在 $x=d$ 处无电子漏出，边界条件是：

$$-D\frac{\mathrm{d}N(x)}{\mathrm{d}x}\bigg|_{x=0} = j_i \tag{3.60}$$

$$-D\frac{\mathrm{d}N(x)}{\mathrm{d}x}\bigg|_{x=d} = 0 \tag{3.61}$$

由(3.58)，(3.60)和(3.61)式求出：

$$N(x) = N(0) \frac{\cosh\left(\dfrac{d}{L}\right)\sinh\left(\dfrac{d-x}{L}\right) + \sinh\left(\dfrac{x}{L}\right)}{\sinh\left(\dfrac{d}{L}\right)\cosh\left(\dfrac{d}{L}\right)} \tag{3.62}$$

$$j_i = \frac{D}{L}N(0)\tanh\left(\frac{d}{L}\right) \tag{3.63}$$

其中
$$L = \sqrt{D\tau} \tag{3.64}$$

L 是电子扩散长度.

此外，复合电子流密度是：

$$j_r = \frac{1}{\tau}\int_0^d N(x)\mathrm{d}x \tag{3.65}$$

将(3.62)式代入(3.65)式中求出：

$$j_r = \frac{N(0)}{\tau}L\tanh\left(\frac{d}{L}\right) \tag{3.66}$$

利用(3.64)式，由(3.63)和(3.66)求出 $j_r = j_i$，即复合电子流等于注入电子流，这是一个重要的结论.

在半导体激光器内，总有 $d \ll L$，(3.66)式简化为：

$$j_r = d\frac{N}{\tau} \tag{3.67}$$

注意，这里的载流子密度近似为常数.

由于 $N = P$，根据(3.38)和(3.57)式写出：

$$\frac{1}{\tau} = \frac{B^*}{\eta_i}P \tag{3.68}$$

由(3.67)和(3.68)式求出：

$$j_r = d\frac{B^*}{\eta_i}NP \tag{3.69}$$

将(3.32)式代入(3.69)式中求出：

$$j_r = d\frac{B^*}{\eta_i}N_0 P_0 \frac{\mathrm{e}^{\frac{\Delta F}{kT}}}{M} \tag{3.70}$$

在非简并化的情况下, 该式简化为:

$$j_r = d\frac{B^*}{\eta_i}N_0 P_0 \mathrm{e}^{\frac{\Delta F}{kT}} \tag{3.71}$$

3.2　异　质　结　构

异质结构是含有两个或多个异质结的多层结构. 我们约定, 由小写字母来表示窄带隙半导体, 由大写字母来表示宽带隙半导体. 如前所述, 当代的半导体激光器多为异质结构器件. 典型的异质结构是 "三明治" 结构: 两个宽带隙的半导体层夹着一个窄带隙的半导体层, 形成了 N-p-P 、N-n-P 或 N-i-P 三层结构, 其中含有两个异质结. 这些三层结构, 通常称为双异质结构, 记作 DH. 虽然采用这三种 DH 均能制作高性能的半导体激光器, 但是在实际器件内采用 N-i-P 结构者居多.

3.2.1　异质结

我们将两种半导体的界面称为半导体结. 由异质半导体形成的结, 称为异质结. 二者的带隙差是:

$$\Delta E_g = E_G - E_g = \Delta E_C + \Delta E_V \tag{3.72}$$

其中 ΔE_C 和 ΔE_V 分别是导带边阶跃和价带边阶跃.

图 3.7 是 N-i 突变异质结的平衡能带图. 由于在界面上有电子密度差, N 区的电子向 i 区扩散. 因此, 在 N 侧形成了电子耗尽层, 在 i 侧形成了电子积累层. 前者是带正电的空间电荷层, 导致能带向上弯曲; 后者是带负电的空间电荷层, 导致能带向下弯曲.

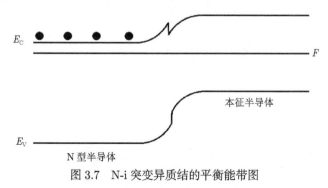

图 3.7　N-i 突变异质结的平衡能带图

图 3.8 是 N-i 突变异质结的准平衡能带图, 表示载流子注入的情况. 以下三点是值得注意的:

① N 层向 i 层注入大量的电子, 而 i 层向 N 层注入的空穴是微不足道的, 因为价带具有很高的空穴势垒. 这是载流子单向注入效应.

② 由于 N 层的 E_C 在 F_C 之上, 而 i 层的 E_C 可能在 F_C 之下, 前者的电子密度可能小于后者的电子密度. 这是载流子超注入效应.

③ N 层向 i 层注入的电子, 必须越过导带的电子势垒尖峰, 这是要损耗一些能量的. 采用缓变异质结, 可以消灭这个电子势垒尖峰.

以上是对 N-i 异质结的描述. P-i 异质结的情况与此相似, 只要将 N 层和电子分别改成 P 层和空穴即可, 就不详细描述了. 图 3.9 和图 3.10 分别是 P-i 突变异质结的平衡能带图和准平衡能带图.

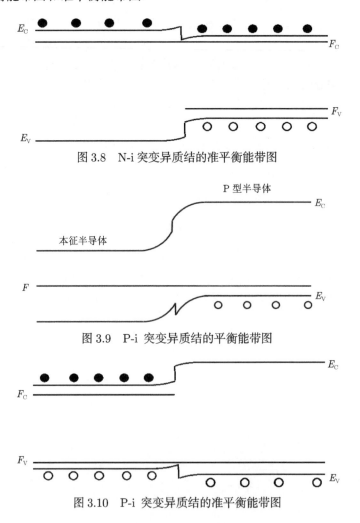

图 3.8　N-i 突变异质结的准平衡能带图

图 3.9　P-i 突变异质结的平衡能带图

图 3.10　P-i 突变异质结的准平衡能带图

3.2.2　双异质结构

N-i-P 双异质结构是由 N-i 异质结和 P-i 异质结组成的. 图 3.11 是 N-i-P 双异质结构的准平衡能带图, 它是由图 3.8 和图 3.10 组成的, 具有反对称性.

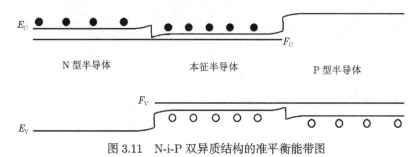

图 3.11　N-i-P 双异质结构的准平衡能带图

N 层向 i 层注入电子, P 层向 i 层注入空穴. 电子和空穴在 i 层内复合发光. 因此, 将 i 层称为有源层, 将 N 层和 P 层均称为注入层.

通过双异质结构的正向电流密度是其中三层的电注入复合电流密度之和:

$$J_r = J_{r1} + J_{r2} + J_{r3} \tag{3.73}$$

在有源层内, 载流子是简并化的. 根据(3.31)和(3.70)式写出:

$$J_{r2} = qd \left(\frac{B^*}{\eta_i} N_C N_V \right)_2 \frac{\mathrm{e}^{\frac{\Delta F - E_g}{kT}}}{M} \tag{3.74}$$

其中 d 是有源层厚度.

在注入层内, 载流子没有简并化. 根据(3.31)和(3.71)式写出:

$$J_{r1} = qd_N \left(\frac{B^*}{\eta_i} N_C N_V \right)_1 \mathrm{e}^{\frac{\Delta F - E_G}{kT}} \tag{3.75}$$

$$J_{r3} = qd_P \left(\frac{B^*}{\eta_i} N_C N_V \right)_3 \mathrm{e}^{\frac{\Delta F - E_G}{kT}} \tag{3.76}$$

其中 d_N 和 d_P 分别是 N 层厚度和 P 层厚度.

通过双异质结构的反向电流密度是其中三层的热产生-复合电流密度之和:

$$J_0 = J_{01} + J_{02} + J_{03} \tag{3.77}$$

根据(3.74)、(3.75)和(3.76)式, 分别写出:

$$J_{02} = qd\left(\frac{B^*}{\eta_i}N_C N_V\right)_2 e^{-\frac{E_g}{kT}} \tag{3.78}$$

$$J_{01} = qd_N\left(\frac{B^*}{\eta_i}N_C N_V\right)_1 e^{-\frac{E_G}{kT}} \tag{3.79}$$

$$J_{03} = qd_P\left(\frac{B^*}{\eta_i}N_C N_V\right)_3 e^{-\frac{E_G}{kT}} \tag{3.80}$$

为了简化计称，我们假定这三层的 B^*、η_i、N_C 和 N_V 皆相同，而实际上可能是不同的.

将注入效率定义为:

$$\gamma = \frac{J_{r2}}{J_r} \tag{3.81}$$

利用(3.72)式，由(3.73)~(3.76)和(3.81)式求出:

$$\gamma = \frac{1}{1 + \dfrac{d_N + d_P}{d}M e^{-\frac{\Delta E_g}{kT}}} \tag{3.82}$$

该式表明，$\Delta E_g \gg kT$ 导致 $\gamma \approx 1$，这是双异质结构的载流子限制效应. 显然，双异质结构的设计原则是:

$$\frac{d_N + d_P}{d}M e^{-\frac{\Delta E_q}{kT}} \ll 1 \tag{3.83}$$

由该式求出:

$$\Delta E_g \gg kT\left[\ln\left(\frac{d_N + d_P}{d}\right) + \ln M\right] \tag{3.84}$$

对于具有完全载流子限制的双异质结构，(3.73)和(3.77)式分别简化为:

$$J_r = qd\left(\frac{B^*}{\eta_i}N_C N_V\right)\frac{e^{\frac{\Delta E - E_g}{kT}}}{M} \tag{3.85}$$

$$J_0 = qd\left(\frac{B^*}{\eta_i}N_C N_V\right)e^{-\frac{E_g}{kT}} \tag{3.86}$$

因此，通过双异质结构的总电流密度是:

$$J = J_r - J_0 \tag{3.87}$$

由(3.85)、(3.86)和(3.87)式求出:

$$J = J_0 \left(\frac{\mathrm{e}^{\frac{\Delta F}{kT}}}{M} - 1 \right) \tag{3.88}$$

令 V 是加在双异质结构上的电压, 则有:

$$\Delta F = \frac{qV}{n} \tag{3.89}$$

其中 $n \geqslant 1$ 是理想因子, 势垒尖峰和界面缺陷均能造成 $n > 1$.

将(3.89)式代入(3.88)式中求出:

$$J = J_0 \left(\frac{\mathrm{e}^{\frac{qV}{nkT}}}{M} - 1 \right) \tag{3.90}$$

由(3.90)式求出:

$$V = \frac{nkT}{q} \left[\ln\left(1 + \frac{J}{J_0}\right) + \ln M \right] \tag{3.91}$$

(3.90)和(3.91)式均表示双异质结构的伏-安特性.

3.2.3　晶格匹配

理想的异质结要求两种半导体的晶格常数相同, 即晶格匹配. 然而, 实际上总有一定程度的晶格失配. 令两种半导体的晶格常数分别为 a_1 和 a_2, 若 $a_1 < a_2$, 则在异质界面上形成悬挂键, 这就是界面缺陷, 如图 3.12 所示.

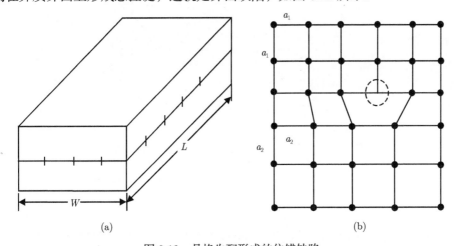

图 3.12　晶格失配形成的位错缺陷

对于简单立方结构的(100)面，令异质界面的面积为 S，则单位面积的悬挂键数是：

$$N_{SS} = \frac{1}{S}\left(\frac{S}{a_1^2} - \frac{S}{a_2^2}\right) = \frac{a_2^2 - a_1^2}{a_1^2 a_2^2} \tag{3.92}$$

对于闪锌矿结构的(100)面，将(3.92)式改写为：

$$N_{SS} = 4\frac{a_2^2 - a_1^2}{a_1^2 a_2^2} \tag{3.93}$$

定义晶格失配为：

$$\eta = \frac{\Delta a}{a} \tag{3.94}$$

其中

$$a = \frac{1}{2}(a_2 + a_1) \tag{3.95}$$

$$\Delta a = a_2 - a_1 \tag{3.96}$$

将(3.93)式改写为：

$$N_{SS} = \frac{8\eta}{a^2} \tag{3.97}$$

现在，在双异质结构内，我们将界面缺陷造成的载流子复合等效为杂质复合，写出界面复合速率：

$$R_S = A_S N \tag{3.98}$$

其中

$$A_S = N_S \sigma_S \sqrt{\frac{3kT}{m}} \tag{3.99}$$

$$N_S = \frac{2N_{SS}}{d} \tag{3.100}$$

A_S 是等效复合系数，N_S 是等效缺陷密度，σ_S 是等效俘获截面.

器件设计要求：

$$R_S \ll R_r \tag{3.101}$$

利用(3.99)和(3.100)式，将(3.36)和(3.98)式代入(3.101)式中求出：

$$N_{SS} \ll \frac{dB^*}{2\sigma_S \sqrt{\dfrac{3kT}{m}}} N \tag{3.102}$$

由(3.97)和(3.102)式求出：

$$\eta \ll \frac{dB^* a^2}{16\sigma_S \sqrt{\dfrac{3kT}{m}}} N \tag{3.103}$$

注意，(3.103)式为选择异质结构材料的依据.

3.3　发　光　性　质

半导体激光器和发光二极管的特性，主要由半导体发光的性质来决定，前者主要取决于光增益谱 $g(\hbar\omega)$，后者主要取决于自发发射谱 $r_{Sp}(\hbar\omega)$.本节介绍直接带隙半导体(以 GaAs 为例)的 $g(\hbar\omega)$ 和 $r_{Sp}(\hbar\omega)$ 的计算，包括矩阵元、爱因斯坦系数和振子状态密度分布的计算.

3.3.1　k 选择条件

现在，我们来计算(2.75)式表示的动量矩阵元 M. 对于本征半导体，考虑两个能带之间的光跃迁.例如电子由导带至价带的光跃迁.

根据(3.2)和(3.3)式分别写出：

$$\varphi_1(\boldsymbol{r}) = \varphi_C(\boldsymbol{r}) = V^{-\frac{1}{2}} u_C(\boldsymbol{r}) \mathrm{e}^{\mathrm{i}\boldsymbol{k}_C \cdot \boldsymbol{r}} \tag{3.104}$$

$$\varphi_2^*(\boldsymbol{r}) = \varphi_V^*(\boldsymbol{r}) = V^{-\frac{1}{2}} u_V^*(\boldsymbol{r}) \mathrm{e}^{-\mathrm{i}\boldsymbol{k}_V \cdot \boldsymbol{r}} \tag{3.105}$$

将(3.104)和(3.105)式代入(2.75)式中得到：

$$
\begin{aligned}
M &= V^{-1} \int_V u_V^*(\boldsymbol{r}) \mathrm{e}^{-\mathrm{i}\boldsymbol{k}_V \cdot \boldsymbol{r}} (\boldsymbol{e} \cdot \hat{\boldsymbol{p}}) u_C(\boldsymbol{r}) \mathrm{e}^{\mathrm{i}\boldsymbol{k}_C \cdot \boldsymbol{r}} \mathrm{d}\boldsymbol{r} \\
&= V^{-1} \int_V u_V^*(\boldsymbol{r}) u_C(\boldsymbol{r}) \big[\mathrm{e}^{-\mathrm{i}\boldsymbol{k}_V \cdot \boldsymbol{r}} (\boldsymbol{e} \cdot \hat{\boldsymbol{p}}) \mathrm{e}^{\mathrm{i}\boldsymbol{k}_C \cdot \boldsymbol{r}} \big] \mathrm{d}\boldsymbol{r} \\
&\quad + V^{-1} \int_V \mathrm{e}^{\mathrm{i}(\boldsymbol{k}_C - \boldsymbol{k}_V) \cdot \boldsymbol{r}} \big[u_V^*(\boldsymbol{r}) (\boldsymbol{e} \cdot \hat{\boldsymbol{p}}) u_C(\boldsymbol{r}) \big] \mathrm{d}\boldsymbol{r}
\end{aligned}
\tag{3.106}
$$

由于 $u_C(\boldsymbol{r})$ 和 $u_V(\boldsymbol{r})$ 正交，(3.106)式右边的节一个积分为 0，该式简化为：

$$
\begin{aligned}
M &= V^{-1} \int_V \mathrm{e}^{\mathrm{i}(\boldsymbol{k}_\mathrm{C} - \boldsymbol{k}_\mathrm{V}) \cdot \boldsymbol{r}} \left[u_\mathrm{V}^*(\boldsymbol{r})(\boldsymbol{e} \cdot \hat{\boldsymbol{p}}) u_\mathrm{C}(\boldsymbol{r}) \right] \mathrm{d}\boldsymbol{r} \\
&= V^{-1} \int_V \tau^{-1} \int_\tau \mathrm{e}^{\mathrm{i}(\boldsymbol{k}_\mathrm{C} - \boldsymbol{k}_\mathrm{V}) \cdot \boldsymbol{r}} \left[u_\mathrm{V}^*(\boldsymbol{r})(\boldsymbol{e} \cdot \hat{\boldsymbol{p}}) u_\mathrm{C}(\boldsymbol{r}) \right] \mathrm{d}\tau \mathrm{d}\boldsymbol{r} \\
&= V^{-1} \int_V \mathrm{e}^{\mathrm{i}(\boldsymbol{k}_\mathrm{C} - \boldsymbol{k}_\mathrm{V}) \cdot \boldsymbol{r}} \left[\tau^{-1} \int_\tau u_\mathrm{V}^*(\boldsymbol{r})(\boldsymbol{e} \cdot \hat{\boldsymbol{p}}) u_\mathrm{C}(\boldsymbol{r}) \mathrm{d}\tau \right] \mathrm{d}\boldsymbol{r} \\
&= \left[\tau^{-1} \int_\tau u_\mathrm{V}^*(\boldsymbol{r})(\boldsymbol{e} \cdot \hat{\boldsymbol{p}}) u_\mathrm{C}(\boldsymbol{r}) \mathrm{d}\tau \right] \left[V^{-1} \int_V \mathrm{e}^{\mathrm{i}(\boldsymbol{k}_\mathrm{C} - \boldsymbol{k}_\mathrm{V}) \cdot \boldsymbol{r}} \mathrm{d}\boldsymbol{r} \right] \\
&= M_0 \delta(\boldsymbol{k}_\mathrm{C} - \boldsymbol{k}_\mathrm{V})
\end{aligned}
\tag{3.107}
$$

其中

$$
M_0 = \boldsymbol{\tau}^{-1} \int_\tau u_\mathrm{V}^*(\boldsymbol{r})(\boldsymbol{e} \cdot \hat{\boldsymbol{p}}) u_\mathrm{C}(\boldsymbol{r}) \mathrm{d}\tau
\tag{3.108}
$$

τ 是元胞体积.

显然, 只当 $\boldsymbol{k}_\mathrm{C} = \boldsymbol{k}_\mathrm{V}$ 时才有 $M \neq 0$, 这是直接带隙半导体内的竖直跃迁. $\delta(\boldsymbol{k}_\mathrm{C} - \boldsymbol{k}_\mathrm{V})$ 表示动量守恒条件, 也就是 $\boldsymbol{k}$ 选择条件.

由(3.107)式求出:

$$
|M|^2 = |M_0|^2 \, \delta(\boldsymbol{k}_\mathrm{C} - \boldsymbol{k}_\mathrm{V})
\tag{3.109}
$$

3.3.2 $\boldsymbol{k} \cdot \hat{\boldsymbol{p}}$ 微扰近似

将微扰后的波函数写作:

$$
\varphi(\boldsymbol{r}) = u(\boldsymbol{r}) \mathrm{e}^{\mathrm{i}\boldsymbol{k} \cdot \boldsymbol{r}}
\tag{3.110}
$$

该式满足本征值方程:

$$
\hat{H}\varphi(\boldsymbol{r}) = E\varphi(\boldsymbol{r})
\tag{3.111}
$$

由(3.110)式求出:

$$
\nabla^2 \varphi(\boldsymbol{r}) = \mathrm{e}^{\mathrm{i}\boldsymbol{k} \cdot \boldsymbol{r}} \left[\nabla^2 + 2\boldsymbol{k} \cdot \mathrm{i}\nabla - k^2 \right] u(\boldsymbol{r})
\tag{3.112}
$$

利用(2.15)式, 由(3.112)式得到:

$$
-\frac{\hbar^2 \nabla^2}{2m} \varphi(\boldsymbol{r}) = \mathrm{e}^{\mathrm{i}\boldsymbol{k} \cdot \boldsymbol{r}} \left[-\frac{\hbar^2 \nabla^2}{2m} + \frac{\hbar}{m} \boldsymbol{k} \cdot \hat{\boldsymbol{p}} + \frac{\hbar^2 k^2}{2m} \right] u(\boldsymbol{r})
\tag{3.113}
$$

将(2.18), (3.110)和(3.113)式代入(3.111)式中, 得到 $u(\boldsymbol{r})$ 的本征值方程:

$$
\left[-\frac{\hbar^2 \nabla^2}{2m} + V + \frac{\hbar}{m} \boldsymbol{k} \cdot \hat{\boldsymbol{p}} - \frac{\hbar^2 k^2}{2m} \right] u(\boldsymbol{r}) = E u(\boldsymbol{r})
\tag{3.114}
$$

直接带隙半导体具有三个带隙, 两个 E_{g} 和一个 $\left(E_{\mathrm{g}}+\Delta\right)$, Δ 是自旋–轨道耦合裂距, 如图 3.13 所示. 为了简化计算, 我们取其平均值:

$$\overline{E} = E_{\mathrm{g}} + \frac{\Delta}{3} \tag{3.115}$$

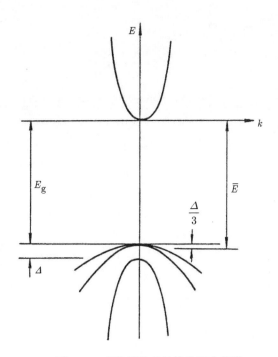

图 3.13　直接带隙半导体的四个能带

自上而下分别是: 导带、重空穴价带、轻空穴价带和自旋–轨道耦合分裂价带

因此, 微扰后的能量本征值是:

$$E = \overline{E} + \Delta E \tag{3.116}$$

其中

$$\Delta E = \frac{\hbar^2 k^2}{2m_{\mathrm{C}}^*} \tag{3.117}$$

ΔE 是微扰能量.

由 (3.114), (3.116) 和 (3.117) 式求出:

$$\left[-\frac{\hbar^2 \nabla^2}{2m} + V + \frac{\hbar}{m} \boldsymbol{k} \cdot \hat{\boldsymbol{p}} \right] u(\boldsymbol{r}) = \left[\overline{E} + \frac{\hbar^2 k^2}{2m_{\mathrm{C}}^*} \left(1 - \frac{m_{\mathrm{C}}^*}{m} \right) \right] u(\boldsymbol{r}) \tag{3.118}$$

由于 $\dfrac{m_C^*}{m} \ll 1$ 可以忽略，(3.118)式简化为：

$$\left[-\frac{\hbar^2 \nabla^2}{2m} + V + \frac{\hbar}{m}\boldsymbol{k}\cdot\hat{\boldsymbol{p}}\right]u(\boldsymbol{r}) = \left[\bar{E} + \frac{\hbar^2 k^2}{2m_C^*}\right]u(\boldsymbol{r}) \tag{3.119}$$

根据该式写出微扰算符：

$$\hat{F} = \frac{\hbar}{m}\boldsymbol{k}\cdot\hat{\boldsymbol{p}} \tag{3.120}$$

令 $\boldsymbol{k}$ 和 $\hat{\boldsymbol{p}}$ 方向一致，这样处理不失普遍性，因为最后对空间取平均值.这时，(3.120)式简化为：

$$\hat{F} = \frac{\hbar k}{m}\hat{\boldsymbol{p}} \tag{3.121}$$

根据量子力学的微扰理论写出：

$$\Delta E = \frac{|F|^2}{\bar{E}} \tag{3.122}$$

根据(3.108)，(3.109)和(3.121)式写出：

$$F = \frac{\hbar k}{m}M_B \tag{3.123}$$

其中

$$M_B = \tau^{-1}\int_\tau u_V^*(\boldsymbol{r})\hat{\boldsymbol{p}}u_C(\boldsymbol{r})\mathrm{d}\tau \tag{3.124}$$

将(3.115), (3.117)和(3.123)式代入(3.122)式中求出：

$$|M_B|^2 = \frac{m^2}{2m_C^*}\left(E_g + \frac{\Delta}{3}\right) \tag{3.125}$$

注意，也可以在对每个子能带分别处理后取平均值，写作：

$$\Delta E = \frac{|F|^2}{3}\left(\frac{1}{E_g} + \frac{1}{E_g} + \frac{1}{E_g + \Delta}\right) \tag{3.126}$$

在由(3.126)式替代(3.122)式后求出：

$$|M_{\mathrm{B}}|^2 = \frac{m^2}{2m_{\mathrm{C}}^*} E_{\mathrm{g}} \left(\frac{E_{\mathrm{g}} + \Delta}{E_{\mathrm{g}} + \frac{2}{3}\Delta} \right) \tag{3.127}$$

这是凯恩给出的结果. 当 $\Delta \ll E_{\mathrm{g}}$ 时, (3.125)式等于(3.127)式.

由(3.108)和(3.124)式求出:

$$|M_0|^2 = |M_{\mathrm{B}}|^2 \cos^2\theta \tag{3.128}$$

其中 θ 是 e 和 $\hat{p}$ 的夹角, $\cos^2\theta$ 称为方向因子.

3.3.3　爱因斯坦系数

在 k 选择条件下, 利用(3.109)式, 由(2.81)和(2.100)式求出:

$$B(\hbar\omega) = \frac{\pi\hbar q^2}{m^2 \varepsilon \varepsilon_0 \hbar\omega} |M_0|^2 \tag{3.129}$$

利用(1.17)和(2.2)式, 将(2.37)和(3.129)式代入(2.104)式中求出:

$$A(\hbar\omega) = \frac{nq^2\hbar\omega}{\pi\varepsilon_0\hbar^2 m^2 c^3} |M_0|^2 \tag{3.130}$$

由于 $\hbar\omega \approx E_{\mathrm{g}}$, 可以取 $B(\hbar\omega)$ 和 $A(\hbar\omega)$ 近似为常数. 根据(3.129)和(3.130)式分别写出:

$$B = \frac{\pi\hbar q^2}{2m^2 \varepsilon\varepsilon_0 E_{\mathrm{g}}} |M_0|^2_{\mathrm{av}} \tag{3.131}$$

$$A = \frac{nq^2 E_{\mathrm{g}}}{2\pi\varepsilon_0\hbar^2 m^2 c^3} |M_0|^2_{\mathrm{av}} \tag{3.132}$$

其中

$$|M_0|^2_{\mathrm{av}} = \frac{\int_0^{2\pi}\mathrm{d}\varphi \int_0^{\pi} |M_0|^2 \sin\theta\mathrm{d}\theta}{2\int_0^{2\pi}\mathrm{d}\varphi \int_0^{\pi}\sin\theta\mathrm{d}\theta} = \frac{1}{3}|M_{\mathrm{B}}|^2 \tag{3.133}$$

符号 av 表示对三维空间取平均值, θ 和 φ 分别是波矢 k 的经度角和纬度角. (3.131)和(3.132)式中的因子 $\frac{1}{2}$ 是由自旋选择条件决定的, (3.133)式中的因子 $\frac{1}{2}$ 是一个 S 态与两个 P 态相对应的结果. 图 3.14 是电偶极矩的示意图. 在垂直于波矢 k 的电

偶极矩 R 的旋转平面上, 有一个 S 态和两个对称的 P 态.

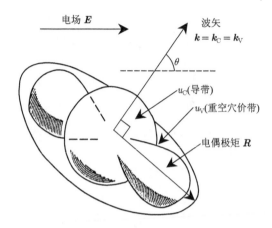

图 3.14   电偶极矩的示意图

将(3.125)式代入(3.133)式中求出:

$$|M_0|_{av}^2 = \frac{m^2}{6m_C^*}\left(E_g + \frac{\Delta}{3}\right) \tag{3.134}$$

利用 $\hbar\omega \approx E_g$, 由(2.81)和(3.134)式求出:

$$|R|_{av}^2 = \frac{q^2\hbar^2}{6m_C^* E_g^{\,2}}\left(E_g + \frac{\Delta}{3}\right) \tag{3.135}$$

由(3.135)式求出平均电偶极矩长度:

$$\bar{r} = \frac{|R|_{av}}{q} = \frac{\hbar}{E_g}\sqrt{\frac{E_g + \dfrac{\Delta}{3}}{6m_C^*}} \tag{3.136}$$

由该式计算的 GaAs 的 $\bar{r} \approx 5\,\text{Å}$, 这个数据是可信的.

将(3.134)式代入(3.131)和(3.132)式中, 分别求出:

$$B = \frac{\pi\hbar q^2}{12\varepsilon\varepsilon_0 m_C^*}\left(1 + \frac{\Delta}{3E_g}\right) \tag{3.137}$$

$$A = \frac{nq^2 E_g^2}{12\pi\varepsilon_0 \hbar^2 c^3 m_C^*}\left(1 + \frac{\Delta}{3E_g}\right) \tag{3.138}$$

3.3.4　振子状态密度分布

现在,我们来写出振子状态密度分布 $\rho_r(\hbar\omega)$ 的表达式.将(3.5)式改写为:

$$E - \hbar\omega = E_V - \frac{\hbar^2 k^2}{2m_V^*} \tag{3.139}$$

由(3.1)、(3.4)和(3.139)式求出:

$$\hbar\omega = E_g + \frac{\hbar^2 k^2}{2m_r^*} \tag{3.140}$$

其中

$$m_r = \frac{m_C^* m_V^*}{m_C^* + m_V^*} \tag{3.141}$$

m_r 是振子的有效质量.

由于(3.140)式在形式上与(3.4)式完全相同, 振子状态密度分布的表达式应该在形式上与(3.6)式完全相同.因此, 可以写出:

$$\rho_r(\hbar\omega) = \frac{\left(2m_r^*\right)^{\frac{3}{2}}}{2\pi^2\hbar^3}\left(\hbar\omega - E_g\right)^{\frac{1}{2}} \tag{3.142}$$

我们还必须写出高能级 E 和导带边 E_C 的距离 X_C 的表达式, 以及低能级 $(E - \hbar\omega)$ 和价带边 E_V 的距离 X_V 的表达式.

将(3.15)式改写为

$$X_V = E_V - (E - \hbar\omega) \tag{3.143}$$

利用(3.1)式, 由(3.13)和(3.143)式得到:

$$X_C + X_V = \hbar\omega - E_g \tag{3.144}$$

利用(3.4)和(3.139)式, 由(3.13)和(3.143)式得到:

$$\frac{X_C}{X_V} = \frac{m_V^*}{m_C^*} \tag{3.145}$$

利用(3.141)式，由(3.144)和(3.145)式求出：

$$X_{\mathrm{C}} = \left(\hbar\omega - E_{\mathrm{g}}\right)\frac{m_{\mathrm{r}}^*}{m_{\mathrm{C}}^*} \tag{3.146}$$

$$X_{\mathrm{V}} = \left(\hbar\omega - E_{\mathrm{g}}\right)\frac{m_{\mathrm{r}}^*}{m_{\mathrm{V}}^*} \tag{3.147}$$

注意，X_{C} 和 X_{V} 均为 $\hbar\omega$ 的函数，E 也是 $\hbar\omega$ 的函数.将(3.146)式代入(3.18)式中求出：

$$f_{\mathrm{C}}\left(\hbar\omega\right) = \frac{1}{\mathrm{e}^{\frac{\left(\hbar\omega - E_{\mathrm{g}}\right)m_{\mathrm{r}}^*/m_{\mathrm{C}}^* - F_{\mathrm{C}}'}{kT}} + 1} \tag{3.148}$$

将(3.147)式代入(3.19)和(3.20)式中，分别求出：

$$f_{\mathrm{V}}\left(\hbar\omega\right) = \frac{1}{\mathrm{e}^{\frac{F_{\mathrm{V}}' - \left(\hbar\omega - E_{\mathrm{g}}\right)m_{\mathrm{r}}^*/m_{\mathrm{V}}^*}{kT}} + 1} \tag{3.149}$$

$$1 - f_{\mathrm{V}}\left(\hbar\omega\right) = \frac{1}{\mathrm{e}^{\frac{\left(\hbar\omega - E_{\mathrm{g}}\right)m_{\mathrm{r}}^*/m_{\mathrm{V}}^* - F_{\mathrm{V}}'}{kT}} + 1} \tag{3.150}$$

3.3.5 发射光谱

1. 光增益谱

根据(2.117)式写出：

$$g\left(\hbar\omega\right) = \frac{n}{c}B\rho_{\mathrm{r}}\left(\hbar\omega\right)\left[f_{\mathrm{C}}\left(\hbar\omega\right) - f_{\mathrm{V}}\left(\hbar\omega\right)\right] \tag{3.151}$$

将(3.137)、(3.142)、(3.148)和(3.149)式代入(3.151)式中，求出光增益谱 $g\left(\hbar\omega\right)$. 图 3.15 表示本征半导体在不同激发水平下的室温光增益谱.图 3.16 表示本征 GaAs 在不同温度下的最大光增益系数 g 与载流子密度 N 的关系.我们通过线性模拟，将 g 与 N 的关系写作：

$$g = a\left(N - N'\right) \tag{3.152}$$

其中 a 是光增益载面，N' 是透明载流子密度. 在室温下，$a = 7\times10^{-16}\mathrm{cm}^2$，$N' = 0.8\times10^{18}/\mathrm{cm}^3$.

(3.152)式在形式上与(1.94)式完全相同.

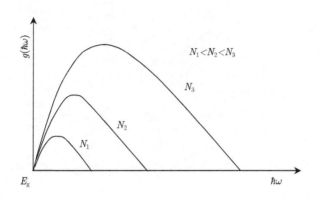

图 3.15　本征半导体在不同注入水平下的室温光增益谱的示意图

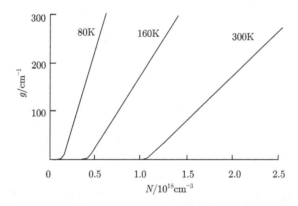

图 3.16　本征 GaAs 在不同温度下的最大光增益系数 g 与载流子密度 N 的关系

2. 自发发射谱

根据(2.113)式写出:

$$r_{\mathrm{sp}}(\hbar\omega) = A\rho_{\mathrm{r}}(\hbar\omega)f_{\mathrm{C}}(\hbar\omega)\left[1 - f_{\mathrm{V}}(\hbar\omega)\right] \tag{3.153}$$

将(3.138)、(3.142)、(3.148)和(3.150)式代入(3.153)式中,求出自发发射谱 $r_{\mathrm{sp}}(\hbar\omega)$.图 3.17 表示本征半导体在不同激发水平下的室温自发发射谱.

注意,在上述计算中,首先给定 $N = P$,然后由(3.24)式求出 F_{C}' 和 F_{V}',再由 (3.151)和(3.153)式分别求出光增益谱和自发发射谱.

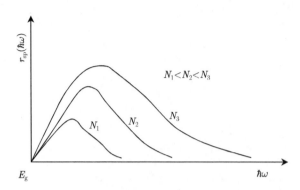

图 3.17   本征半导体在不同注入水平下的室温自发发射谱的示意图

3.3.6   辐射复合系数

由于辐射复合系数 B^* 与激发水平无关，我们在低注入水平下求出其表达式. 这时，根据(2.109)和(2.110)式分别写出：

$$1 - f_1\left(E - \hbar\omega\right) = \mathrm{e}^{\frac{E - \hbar\omega - F_1}{kT}} \tag{3.154}$$

$$f_2\left(E\right) = \mathrm{e}^{\frac{F_2 - E}{kT}} \tag{3.155}$$

利用(2.119)式，将(3.142)、(3.154)和(3.155)式代入(2.113)式中求出：

$$r_{\mathrm{sp}}\left(\hbar\omega\right) = A\frac{\left(2m_{\mathrm{r}}^*\right)^{\frac{3}{2}}}{2\pi^2\hbar^3}\mathrm{e}^{\frac{\Delta F - E_{\mathrm{g}}}{kT}}\left[\left(\hbar\omega - E_{\mathrm{g}}\right)^{\frac{1}{2}}\mathrm{e}^{-\frac{\hbar\omega - E_{\mathrm{g}}}{kT}}\right] \tag{3.156}$$

光子的自发发射速率是：

$$R_{\mathrm{sp}} = \int_{E_{\mathrm{g}}}^{\infty} r_{\mathrm{sp}}\left(\hbar\omega\right)\mathrm{d}\left(\hbar\omega\right) \tag{3.157}$$

将(3.156)式代入(3.157)式中求出：

$$R_{\mathrm{sp}} = AN_{\mathrm{r}}\mathrm{e}^{\frac{\Delta F - E_{\mathrm{g}}}{kT}} \tag{3.158}$$

其中

$$N_{\mathrm{r}} = \frac{\sqrt{\pi}}{2}\left(kT\right)^{\frac{3}{2}}\frac{\left(2m_{\mathrm{r}}^*\right)^{\frac{3}{2}}}{2\pi^2\hbar^3} \tag{3.159}$$

N_r 是振子的有效状态密度.

此外, 根据(3.30)和(3.36)式, 写出载流子的辐射复合速率:

$$R_r = B^* N_C N_V e^{\frac{\Delta F - E_g}{kT}} \tag{3.160}$$

我们知道, 光子的自发发射速率等于载流子的辐射复合速率. 由(3.158)和(3.160)式求出:

$$B^* = \frac{N_r}{N_C N_V} A \tag{3.161}$$

图 3.18 表示本征 GaAs 的辐射复合系数 B^* 与温度 T 的关系. 室温的 $B^* = 0.85 \mathrm{cm}^3 / \mathrm{S}$, 这个数据是可信的.

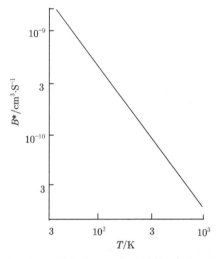

图 3.18　本征 GaAs 的辐射复合系数 B^* 与温度 T 的关系

参 考 文 献

[1] 黄昆, 谢希德. 半导体物理学, 第 1、2、3 章. 北京: 科学出版社, 1958.

[2] 顾秉林, 王喜昆. 固体物理学, 第 3 章. 北京: 清华大学出版社, 1989.

[3] 虞丽生. 半导体异质结物理, 第 3、4、6 章. 北京: 科学出版社, 1990.

[4] Casey H C, Panish M B. Heterostructure Lasers, Part A, Chap. 3, 4. New York: Academic Press, 1978.

[5] Thompson G H B. Physics of Semiconductor Laser Devices, Chap. 2. New York: John Wiley & Sons, 1980.

[6] Kressel H, Butler J K. Semiconductor Lasers and Heterojunction LEDs, Chap. 1,2. New

York: Academic Press, 1977.

[7] Agrawal G P, Dutta N K. Long-wavelength Semiconductor Lasers, Chap. 3. New York: Van Nostrand Reinhold, 1986.

[8] 石家纬. 半导体光电子学, 第 4 章. 长春：吉林大学出版社, 1994.

[9] 栖原敏明. 半导体激光器基础, 第 3 章. 周南生, 译.北京：科学出版社, 共立出版, 2002.

[10] Suematsu Y, Adams A R. Handbook of Semiconductor Lasers and Photonic Integrated circuits, Chap. 4. London: Chapman & Hall, 1994.

第4章 光 波 导

4.1 阶跃折射率平板波导

光波导是能够将光波限制在其中并沿其轴向传输能量的结构. 最简单的光波导是三层平板波导, 它是由三层介质组成的平板结构, 中间一层为芯层, 上下两层为包层. 就光波导的机理而言, 它是由芯层和包层的折射率之差造成的. 本节考虑非共振介质, 只讨论对称的阶跃折射率平板波导.

4.1.1 横向波函数

令电磁波的一个分量是:

$$\lambda(x,z,t) = \varphi(x,z)\mathrm{e}^{\mathrm{i}\omega t} \tag{4.1}$$

其中

$$\varphi(x,z) = Au(x)\mathrm{e}^{-\mathrm{i}\beta z} \tag{4.2}$$

β 是纵向传播常数, $u(x)$ 是横向波函数, A 是归一化常数.

根据(1.20)和(1.21)式写出:

$$\frac{\partial^2}{\partial x^2}\varphi(x,z) + \frac{\partial^2}{\partial z^2}\varphi(x,z) + k_0^2 n^2 \varphi(x,z) = 0 \tag{4.3}$$

这是亥姆霍兹方程.

将(4.2)式代入(4.3)式中得到:

$$\frac{\mathrm{d}^2}{\mathrm{d}x^2}u(x) + \left(k_0^2 n^2 - \beta^2\right)u(x) = 0 \tag{4.4}$$

图 4.1 表示阶跃折射率分布. 将横向波函数写作:

$$u(x) = \begin{cases} \cos\left(qx - \dfrac{1}{2}m\pi\right), & 0 \leqslant x \leqslant \dfrac{d}{2} \\[2mm] \cos\dfrac{qd}{2}\mathrm{e}^{-\gamma\left(x-\frac{d}{2}\right)}, & x \geqslant \dfrac{d}{2} \end{cases} \tag{4.5}$$

其中 q 是横向传播常数, γ 是横向衰减常数, $m = 0,1,2,\cdots$.

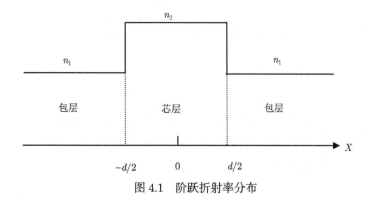

图 4.1　阶跃折射率分布

注意, 由于结构对称, 我们只需要写出 $u(x)$ 的正向函数.

将(4.5)式代入(4.4)式中求出:

$$k_0^2 n_2^2 - \beta^2 - q^2 = 0 \tag{4.6}$$

$$k_0 n_1^2 - \beta^2 + \gamma^2 = 0 \tag{4.7}$$

由(4.6)和(4.7)式得到:

$$n_2 > n_{\text{eff}} > n_1 \tag{4.8}$$

其中

$$n_{\text{eff}} = \frac{\beta}{k_0} \tag{4.9}$$

n_{eff} 是有效折射率.(4.8)式是光波导成立的条件.

由(4.6)式求出:

$$\beta = \sqrt{k_0^2 n_2^2 - q^2} \tag{4.10}$$

由(4.6)和(4.7)式求出:

$$\gamma = \sqrt{k_0^2\left(n_2^2 - n_1^2\right) - q^2} \tag{4.11}$$

由(4.5)式求出横向波函数的微分:

$$u'(x) = \begin{cases} -q \sin\left(qx - \dfrac{1}{2}m\pi\right) \\ -\gamma \cos\dfrac{qd}{2}\mathrm{e}^{-\gamma\left(x-\frac{d}{2}\right)} \end{cases} \tag{4.12}$$

在本节后面的分析中, (4.10), (4.11)和(4.12)式是有用处的.

4.1.2　TE 波

TE 波是横向电场波, 电场没有纵向分量. 将(4.1)和(4.2)式分别改写为:

$$E_y(x,z,t) = E(x,z)\mathrm{e}^{\mathrm{i}\omega t} \tag{4.13}$$

$$E(x,z) = E_0 u(x)\mathrm{e}^{-\mathrm{i}\beta z} \tag{4.14}$$

根据(1.1)式写出:

$$\frac{\partial}{\partial x}E_y = -\mu_0 \frac{\partial}{\partial t}H_z \tag{4.15}$$

$$\frac{\partial}{\partial z}E_y = \mu_0 \frac{\partial}{\partial t}H_x \tag{4.16}$$

由(4.13)、(4.14)和(4.15)式求出:

$$H_z(x,z,t) = H(x,z)\mathrm{e}^{\mathrm{i}\omega t} \tag{4.17}$$

其中

$$H(x,z) = \frac{\mathrm{i}E_0}{\omega\mu_0}u'(x)\mathrm{e}^{-\mathrm{i}\beta z} \tag{4.18}$$

边界条件是 E_y 和 H_z 在界面上相等, 因而 $u(x)$ 和 $u'(x)$ 在界面上相等. 由(4.5)和(4.12)式得到:

$$qd = 2\arctan\frac{\gamma}{q} + m\pi \tag{4.19}$$

这是横向布拉格条件.根据该式写出界面反射相移:

$$\phi = 2\arctan\frac{\gamma}{q} \tag{4.20}$$

将(4.11)式代入(4.19)式中求出:

$$qd = 2\arctan\frac{\sqrt{k_0^2\left(n_2^2 - n_1^2\right) - q^2}}{q} + m\pi \tag{4.21}$$

这是 q 的本征值方程. 求出 q 的数值解, 也就决定了 $u(x)$ 和 β. 为了便于数值计算, 我们采用归一化的参量:

$$D = dk_0\sqrt{n_2^2 - n_1^2} \tag{4.22}$$

$$Q = \frac{q}{k_0\sqrt{n_2^2 - n_1^2}} \tag{4.23}$$

将(4.21)式改写为:

$$QD = 2\arctan\frac{\sqrt{1 - Q^2}}{Q} + m\pi \tag{4.24}$$

图 4.2 是 TE 波的 Q 随 D 变化的曲线. 图 4.3 表示横向模式的电场分布. 根据(4.24)式写出单横模条件:

$$D < \pi \tag{4.25}$$

令光波长为 λ, 将(1.22)式改写为:

$$k_0 = \frac{\omega}{c} = \frac{2\pi}{\lambda} \tag{4.26}$$

由(4.22)、(4.25)和(4.26)式求出:

$$d < \frac{\lambda}{2\sqrt{n_2^2 - n_1^2}} \tag{4.27}$$

最后, 我们来求出归一化常数 E_0 的表达式. 根据(1.29)式写出光波导传输的功率:

$$P = \frac{W}{2}\int_{-\infty}^{\infty}\mathrm{Re}\left[H_x^* E_y\right]\mathrm{d}x \tag{4.28}$$

其中 W 是光波导宽度.

由(4.13)、(4.14)和(4.16)式求出:

$$H_x\left(x,z,t\right) = -\frac{\beta}{\omega\mu_0}E_y\left(x,z,t\right) \tag{4.29}$$

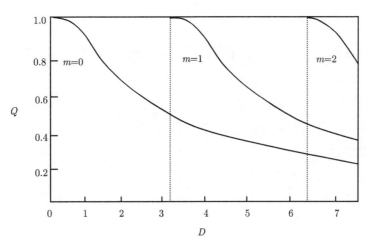

图 4.2 阶跃折射率波导的 Q 与 D 的关系

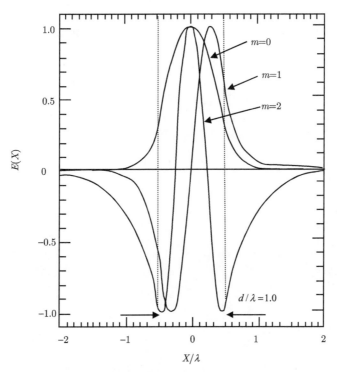

图 4.3 阶跃折射率波导的横向模式的电场分布

利用 (4.14) 式, 将 (4.13) 和 (4.29) 式代入 (4.28) 式中求出:

$$P = \frac{W\beta E_0^2}{2\omega\mu_0} \int_{-\infty}^{\infty} u^2(x)\,\mathrm{d}x \tag{4.30}$$

由(4.5)式求出:

$$\int_{-\infty}^{\infty} u^2(x)\,\mathrm{d}x = \frac{d_m}{2} \tag{4.31}$$

其中

$$d_m = d + \frac{2}{\gamma} \tag{4.32}$$

d_m 是模式厚度.

将(4.31)式代入(4.30)式中求出:

$$E_0 = 2\sqrt{\frac{\omega\mu_0}{\beta\,(Wd_m)}\,P} \tag{4.33}$$

4.1.3　TM 波

TM 波是横向磁场波, 磁场没有纵向分量. 将(4.1)和(4.2)式分别改写为:

$$H_y(x,z,t) = H(x,y)\mathrm{e}^{\mathrm{i}\omega t} \tag{4.34}$$

$$H(x,z) = H_0 u(x)\mathrm{e}^{-\mathrm{i}\beta z} \tag{4.35}$$

根据(1.2)式写出:

$$\frac{\partial}{\partial x}H_y = \varepsilon\varepsilon_0\frac{\partial}{\partial t}E_z \tag{4.36}$$

$$\frac{\partial}{\partial z}H_y = -\varepsilon\varepsilon_0\frac{\partial}{\partial t}E_x \tag{4.37}$$

由(4.34)、(4.35)和(4.36)式求出:

$$E_z(x,z,t) = E(x,z)\mathrm{e}^{\mathrm{i}\omega t} \tag{4.38}$$

其中

$$E(x,z) = -\frac{\mathrm{i}H_0}{\omega\varepsilon\varepsilon_0}u'(x)\mathrm{e}^{-\mathrm{i}\beta z} \tag{4.39}$$

边界条件是 H_y 和 E_z 在界面上相等, 因而 $u(x)$ 和 $u'(x/\varepsilon)$ 在界面上相等. 由(4.5)和(4.12)式得到:

$$qd = 2\arctan\frac{\varepsilon_2\gamma}{\varepsilon_1 q} + m\pi \tag{4.40}$$

这是横向布拉格条件. 根据该式写出界面反射相移:

$$\phi = 2\arctan\frac{\varepsilon_2\gamma}{\varepsilon_1 q} \tag{4.41}$$

将(4.11)式代入(4.40)式中求出:

$$qd = 2\arctan\frac{\varepsilon_2\sqrt{k_0^2\left(n_2^2 - n_1^2\right) - q^2}}{\varepsilon_1 q} + m\pi \tag{4.42}$$

这是 q 的本征值方程. 为了便于数值计算, 将该式改写为:

$$QD = 2\arctan\frac{\varepsilon_2\sqrt{1 - Q^2}}{\varepsilon_1 Q} + m\pi \tag{4.43}$$

最后, 我们来求出归一化常数 H_0 的表达式. 根据(1.29)式写出光波导传输的功率:

$$P = \frac{W}{2}\int_{-\infty}^{\infty}\mathrm{Re}\left[E_x^* H_y\right]\mathrm{d}x \tag{4.44}$$

由(4.34)、(4.35)和(4.37)式求出:

$$E_x\left(x,z,t\right) = \frac{\beta}{\omega\varepsilon\varepsilon_0}H_y\left(x,z,t\right) \tag{4.45}$$

利用(4.31)和(4.35)式, 将(4.34)和(4.45)式代入(4.44)式中求出:

$$H_0 = 2\sqrt{\frac{\omega\varepsilon\varepsilon_0}{\beta\left(Wd_m\right)}P} \tag{4.46}$$

注意, 在 TM 波的实际计算中, 我们取 $\varepsilon_1 = n_1^2$、$\varepsilon_2 = n_2^2$ 和 $\varepsilon = n_{\mathrm{eff}}^2$.

TM 波的 Q 随 D 变化的曲线与图 4.2 所示的曲线十分相似, 只是 Q 值稍大而已. 然而, 在普通半导体激光器的模式竞争中, 这一事实是造成 TM 波与 TE 波相比处于劣势的原因之一.

4.2　渐变折射率平板波导

渐变折射率平板波导是单层的, 其折射率不是常数, 而是按平方规律或线性规律连续变化的.这个单层也能够将光波限制在其中并沿其轴向传输能量. 在原理上, 它相当于无穷多层阶跃折射率平板波导, 而各层的厚度均趋近于 0. 就单模光波导而言, 渐变折射率导致 $u(x)$ 为高斯函数, 或近似为高斯函数, 这有利于半导体激光器与单模光纤或光学系统耦合. 本节只讨论对称的渐变折射率平板波导.

4.2.1　等效波导厚度

最常用的渐变折射率波导是平方波导. 若介质的介电常数呈平方分布, 则其折射率亦呈平方分布, 这就形成了平方波导, 令

$$\varepsilon(x) = \varepsilon - a^2 x^2 \tag{4.47}$$

根据(1.17)和(4.47)式写出:

$$n^2(x) = n^2 - a^2 x^2 \tag{4.48}$$

由该式求出:

$$n(x) = n - \frac{a^2 x^2}{2n} \tag{4.49}$$

图 4.4 表示平方折射率分布. 根据该图和(4.49)式写出:

$$\Delta n = \frac{a^2}{2n}\left(\frac{d}{2}\right)^2 \tag{4.50}$$

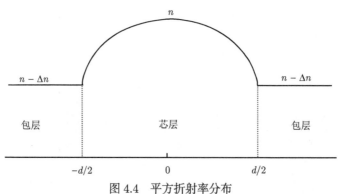

图 4.4　平方折射率分布

由(4.50)式求出:

$$a = \frac{2}{d}\sqrt{2n\Delta n} \tag{4.51}$$

最简单的渐变折射率波导是线性波导, 若介质的介电常数呈线性分布, 则其

折射率亦呈线性分布, 这就形成了线性波导, 令

$$\varepsilon(x) = \varepsilon - ax \tag{4.52}$$

根据(1.17)和(4.52)式写出:

$$n^2(x) = n^2 - ax \tag{4.53}$$

由该式求出:

$$n(x) = n - \frac{ax}{2n} \tag{4.54}$$

图 4.5 表示线性折射率分布. 根据该图和(4.54)式写出:

$$\Delta n = \frac{a}{2n}\left(\frac{d}{2}\right) \tag{4.55}$$

由(4.55)式求出:

$$a = \frac{4}{d}n\Delta n \tag{4.56}$$

注意, 渐变折射率平板波导没有明确的界面. 这里的 $x = \pm\dfrac{d}{2}$ 不是物理界面, 只是决定折射率变化规律的参量.

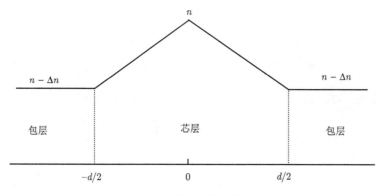

图 4.5　线性折射率分布

我们假定渐变折射率平板波导具有两个虚拟的界面, 在界面上 $q = \gamma = 0$. 根据(4.6)式写出:

$$q^2(x) = k_0^2 n^2(x) - \beta^2 \tag{4.57}$$

令界面和波导中心的距离为 X_t，则等效波导厚度为：

$$d_{\text{eff}} = 2X_t \tag{4.58}$$

根据(4.57)式写出边界条件：

$$k_0^2 n^2\left(X_t\right) - \beta^2 = 0 \tag{4.59}$$

根据(4.20)式写出反射相移：

$$\phi = 2\arctan\frac{\gamma}{q} = \frac{\pi}{2} \tag{4.60}$$

根据(4.19)和(4.20)式，写出布拉格条件：

$$2\int_0^{X_t} q\left(x\right)\mathrm{d}x = \phi + m\pi \tag{4.61}$$

由(4.57)、(4.60)和(4.61)式求出：

$$2\int_0^{X_t} \sqrt{k_0^2 n^2\left(x\right) - \beta^2}\,\mathrm{d}x = \left(m + \frac{1}{2}\right)\pi \tag{4.62}$$

最后，由(4.59)和(4.62)式联立来求出 X_t 和 β。

4.2.2 平方波导分析

将(4.48)式代入(4.59)和(4.62)式中，分别得到：

$$\left(k_0^2 n^2 - \beta^2\right) - k_0^2 a^2 X_t^2 = 0 \tag{4.63}$$

$$2\int_0^{X_t} \sqrt{\left(k_0^2 n^2 - \beta^2\right) - k_0^2 a^2 x^2}\ \mathrm{d}x = \left(m + \frac{1}{2}\right)\pi \tag{4.64}$$

由(4.63)和(4.64)式求出：

$$X_t = \sqrt{\frac{2m+1}{k_0 a}} \tag{4.65}$$

$$\beta = \sqrt{k_0^2 n^2 - (2m+1)k_0 a} \tag{4.66}$$

根据(4.4)和(4.48)式写出：

$$\frac{\mathrm{d}^2}{\mathrm{d}x^2} u\left(x\right) + \left[\left(k_0^2 n^2 - \beta^2\right) - k_0^2 a^2 x^2\right] u\left(x\right) = 0 \tag{4.67}$$

令

$$\zeta = x\sqrt{k_0 a} \tag{4.68}$$

利用(4.66)式，将(4.67)式改写为：

$$\frac{\mathrm{d}^2}{\mathrm{d}\zeta} u(\zeta) + \left[(2m+1) - \zeta^2\right] u(\zeta) = 0 \tag{4.69}$$

这是厄米方程. 该方程的解是厄米-高斯函数：

$$u(\zeta) = H_m(\zeta)\mathrm{e}^{-\frac{1}{2}\zeta^2} \tag{4.70}$$

其中 $H_m(\zeta)$ 的递推公式为：

$$H_0(\zeta) = 1, \quad H_1(\zeta) = 2\zeta \tag{4.71}$$

$$H_{m+1}(\zeta) = 2\zeta H_m(\zeta) - 2m H_{m-1}(\zeta) \tag{4.72}$$

$u(\zeta)$ 曲线如图 4.6 所示.

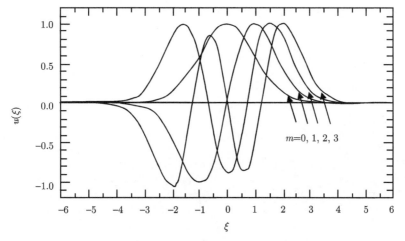

图 4.6　平方折射率波导的横向模式(厄米–高斯分布)

将(4.68)式代入(4.70)式中求出：

$$u(x) = H_m\left(x\sqrt{k_0 a}\right)\mathrm{e}^{-\frac{1}{2}k_0 a x^2} \tag{4.73}$$

对于我们最有兴趣的 0 阶模式，(4.65)和(4.66)式分别简化为：

$$X_t = \frac{1}{\sqrt{k_0 a}} \tag{4.74}$$

$$\beta = \sqrt{k_0^2 n^2 - k_0 a} \tag{4.75}$$

单模条件是:

$$d < 2X_t \tag{4.76}$$

利用(4.26)和(4.51)式,由(4.74)和(4.76)式求出:

$$d < \frac{\lambda}{\pi \sqrt{2n\Delta n}} \tag{4.77}$$

利用(4.74)式,将(4.73)式简化为高斯函数:

$$u(x) = e^{-\frac{1}{2}\left(\frac{x}{X_t}\right)^2} \tag{4.78}$$

令

$$w_0 = \sqrt{2}X_t \tag{4.79}$$

将(4.78)式改写为:

$$u(x) = e^{-\left(\frac{x}{w_0}\right)^2} \tag{4.80}$$

w_0 是高斯尺度.

最后,由(4.13)、(4.14)和(4.80)式求出:

$$E_y(x, z, t) = E_0 e^{-\left(\frac{x}{w_0}\right)^2} e^{i(\omega t - \beta z)} \tag{4.81}$$

将(4.29)和(4.81)式代入(4.28)式中得到:

$$P = \frac{W\beta E_0^2}{2\omega\mu_0} \int_{-\infty}^{\infty} e^{-2\left(\frac{x}{w_0}\right)^2} \mathrm{d}x \tag{4.82}$$

求出积分:

$$\int_{-\infty}^{\infty} e^{-2\left(\frac{x}{w_0}\right)^2} \mathrm{d}x = \sqrt{\frac{\pi}{2}} w_0 \tag{4.83}$$

将(4.83)式代入(4.82)式中，求出表示归一化常数 E_0 的(4.33)式，其中

$$d_m = \sqrt{2\pi}w_0 \tag{4.84}$$

4.2.3 线性波导分析

将(4.53)式代入(4.59)和(4.62)式中，分别得到：

$$\left(k_0^2 n^2 - \beta^2\right) - k_0^2 a X_t = 0 \tag{4.85}$$

$$2\int_0^{X_t} \sqrt{\left(k_0^2 n^2 - \beta^2\right) - k_0^2 ax} \ \mathrm{d}x = \left(m + \frac{1}{2}\right)\pi \tag{4.86}$$

由(4.85)和(4.86)式求出：

$$X_t = \frac{\left[\dfrac{3}{4}\left(m + \dfrac{1}{2}\right)\pi\right]^{\frac{2}{3}}}{\left(k_0^2 a^2\right)^{\frac{1}{3}}} \tag{4.87}$$

$$\beta = \sqrt{k_0^2 n^2 - \left[\frac{3}{4}\left(m + \frac{1}{2}\right)\pi\right]^{\frac{2}{3}}\left(k_0^2 a\right)^{\frac{2}{3}}} \tag{4.88}$$

根据(4.4)和(4.53)式写出：

$$\frac{\mathrm{d}^2}{\mathrm{d}x^2}u(x) + \left[\left(k_0^2 n^2 - \beta^2\right) - k_0^2 ax\right]u(x) = 0 \tag{4.89}$$

令

$$\zeta = \left(k_0^2 a\right)^{\frac{1}{3}}\left(x - \frac{k_0^2 n^2 - \beta^2}{k_0^2 a}\right) \tag{4.90}$$

将(4.89)式改写为：

$$\frac{\mathrm{d}^2}{\mathrm{d}\zeta^2}u(\zeta) - \zeta u(\zeta) = 0 \tag{4.91}$$

这是艾里方程. 该方程的解是艾里函数：

$$u(\zeta) = A_i(\zeta) = \frac{1}{\pi}\int_0^\infty \cos\left(\frac{1}{3}t^3 + \zeta t\right)\mathrm{d}t \tag{4.92}$$

$u(\zeta)$曲线如图 4.7 所示. 在 $\zeta < 0$ 处为振荡函数，在 $\zeta > 0$ 处为衰减函数. 各极点依次对应于 $m = 0, 2, 4, \cdots$ 阶模式，各 0 点依次对应于 $m = 1, 3, 5, \cdots$ 阶模式. 在 x 轴上，各点分别是 m 阶模式的 0 点.

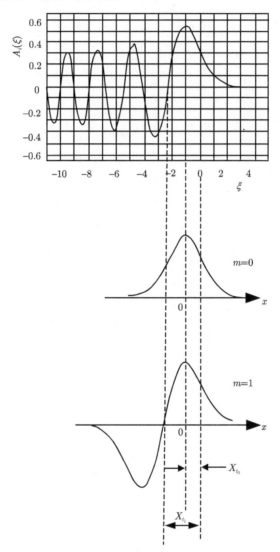

图 4.7 $A_i(\xi)$曲线和线性折射率波导的横向模式

令 $x = 0$，由 (4.90) 式得到：

$$\zeta = -\frac{k_0^2 n^2 - \beta^2}{\left(k_0^2 a\right)^{\frac{2}{3}}} \tag{4.93}$$

令 $\zeta = 0$，由 (4.90) 式得到：

$$X_t = \frac{k_0^2 n^2 - \beta^2}{k_0^2 a} \tag{4.94}$$

由(4.93)和(4.94)式求出:

$$X_t = -\frac{\zeta}{\left(k_0^2 a\right)^{\frac{1}{3}}} \tag{4.95}$$

由(4.87)和(4.95)式求出:

$$\zeta = -\left[\frac{3}{4}\left(m + \frac{1}{2}\right)\pi\right]^{\frac{2}{3}} \tag{4.96}$$

由(4.90)和(4.94)式求出:

$$\zeta = \left(k_0^2 a\right)^{\frac{1}{3}}\left(x - X_t\right) \tag{4.97}$$

将(4.97)式代入(4.92)式中求出:

$$u(x) = A_i\left[\left(k_0^2 a\right)^{\frac{1}{3}}\left(x - X_t\right)\right] \tag{4.98}$$

对于我们最有兴趣的 0 阶模式, (4.87)和(4.88)式分别简化为:

$$X_t = \frac{\left(\frac{3}{8}\pi\right)^{\frac{2}{3}}}{\left(k_0^2 a\right)^{\frac{1}{3}}} \tag{4.99}$$

$$\beta = \sqrt{k_0^2 n^2 - \left(\frac{3}{8}\pi\right)^{\frac{2}{3}}\left(k_0^2 a\right)^{\frac{2}{3}}} \tag{4.100}$$

利用(4.26)和(4.56)式, 由(4.76)和(4.99)式求出单模条件:

$$d < \frac{3\lambda}{8\sqrt{2n\Delta n}} \tag{4.101}$$

这时,可以采用高斯近似,由(4.78)式来替代(4.98)式. 然后,重复(4.79)～(4.84)式.

4.3 光波导性质

本节分析光波导性质的三个方面: 光波的横向限制、端面反射和端面出射. 光限制因子表示激光器内电子和光子耦合的程度, 端面反射率决定器件内光反馈的程度, 二者对激光器的阈值均有重大影响. 光波的端面出射决定激光器的远场图形, 这对器件的光束质量是重要的.

4.3.1 光波横向限制

将光限制因子定义为, 光波导传输的能量波限制在其芯层(有源区)内的比率, 写作:

$$\Gamma = \frac{\int_{-d/2}^{d/2} u^2(x)\,\mathrm{d}x}{\int_{-\infty}^{\infty} u^2(x)\,\mathrm{d}x} \tag{4.102}$$

对于双异质结构(DH)激光器的阶跃折射率平板波导的 0 阶模式, 由(4.5)和(4.102)式求出:

$$\Gamma = \frac{d + \dfrac{\sin qd}{q}}{\dfrac{2}{\gamma}\cos^2\dfrac{qd}{2} + \left(d + \dfrac{\sin qd}{q}\right)} \tag{4.103}$$

根据(4.19)式写出:

$$\tan\frac{qd}{2} = \frac{\gamma}{q} \tag{4.104}$$

利用(4.32)式, 由(4.103)和(4.104)式求出:

$$\Gamma = \frac{d + \dfrac{\sin qd}{q}}{d_m} \tag{4.105}$$

该式适用于 TE 波和 TM 波. 然而, TM 波与 TE 波相比, 它的光限制因子 Γ 稍小, 这是它的模式厚度 d_m 稍大所致. 当 d 很小时, (4.105)式简化为

$$\Gamma = \frac{2d}{d_m} \tag{4.106}$$

图 4.8 是 $\mathrm{Al}_x\mathrm{Ga}_{1-x}\mathrm{As}/\mathrm{GaAs}$ 光波导的 Γ 随 d 变化的曲线，其中组分 x 对应的折射率 n 如表 4.1 所示.

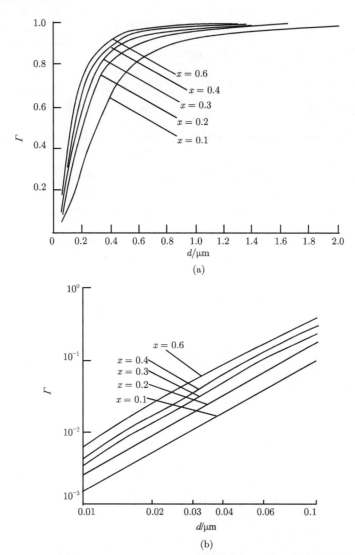

(a)

(b)

图 4.8　计算的 $\mathrm{GaAs}/\mathrm{Al}_x\mathrm{Ga}_{1-x}\mathrm{As}$ 双异质结构的 Γ 随 d 变化的曲线

表 4.1　$\mathrm{Al}_x\mathrm{Ga}_{1-x}\mathrm{As}$ 的室温折射率 n 与 x 的关系

x	0	0.05	0.10	0.15	0.20	0.25	0.30	0.35
n	3.590	3.555	3.520	3.486	3.452	3.418	3.385	3.353
x	0.40	0.45	0.50	0.55	0.60	0.65	0.70	
n	3.321	3.289	3.258	3.227	3.197	3.127	3.138	

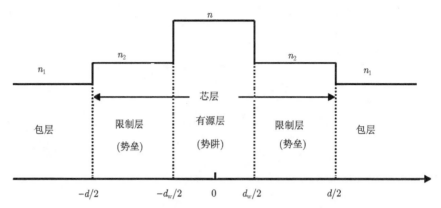

图 4.9 分别限制异质结构（SCH）的折射率分布

在 DH 激光器内，芯层完全是有源区. 然而，量子阱(QW)激光器采用分别限制异质结构(SCH)，芯层不完全是有源区，如图 4.9 所示.

由于有源层厚度 d_w 比芯层厚度 d 小两个量级，横向波函数 $u(x)$ 几乎不受 d_w 的影响，仍然可以采用三层平板波导的分析结果. 这时，将(4.106)式改写为：

$$\Gamma = \frac{2d_w}{d_m} \tag{4.107}$$

注意，若 SCH 是阶跃折射率波导，则 d_m 由(4.32)式来表示；若 SCH 是渐变折射率波导，则 d_m 由(4.84)式来表示.

4.3.2 光波端面反射

考虑单模光波导. 对于 TE 波，根据(4.13)，(4.14)和(4.29)式，将端面内的电场和磁场分别写作：

$$E_y^{in}(x,z) = u(x)e^{-i\beta z} + ru(x)e^{i\beta z} \tag{4.108}$$

$$H_x^{in}(x,z) = -\frac{\beta}{\omega\mu_0}\big[u(x)e^{-i\beta z} - ru(x)e^{i\beta z}\big] \tag{4.109}$$

其中 r 是振幅反射率.

在端面上，由(4.108)和(4.109)式分别得到：

$$E_y^{in}(x,0) = u(x) + ru(x) \tag{4.110}$$

$$H_x^{in}(x,0) = -\frac{\beta}{\omega\mu_0}\big[u(x) - ru(x)\big] \tag{4.111}$$

利用傍轴光束近似, 将端面外的电场和磁场分别写作:

$$E_y^{\text{out}}(x,z) = \frac{\mathrm{e}^{-\mathrm{i}k_0 z}}{2\pi} \int_{-\infty}^{\infty} F(q_0) \mathrm{e}^{-\mathrm{i}q_0 x} \mathrm{d}q_0 \tag{4.112}$$

$$H_x^{\text{out}}(x,z) = -\frac{k_0}{\omega\mu_0} \frac{\mathrm{e}^{-\mathrm{i}k_0 z}}{2\pi} \int_{-\infty}^{\infty} F(q_0) \mathrm{e}^{-\mathrm{i}q_0 x} \mathrm{d}q_0 \tag{4.113}$$

其中 q_0 是自由空间的横向传播常数, $F(q_0)$ 是 $E_y^{\text{out}}(x,0)$ 的傅里叶变换, 见(4.150)式.

在端面上, 由(4.112)和(4.113)式分别得到:

$$E_y^{\text{out}}(x,0) = \frac{1}{2\pi} \int_{-\infty}^{\infty} F(q_0) \mathrm{e}^{-\mathrm{i}q_0 x} \mathrm{d}q_0 \tag{4.114}$$

$$H_x^{\text{out}}(x,0) = -\frac{k_0}{\omega\mu_0} \frac{1}{2\pi} \int_{-\infty}^{\infty} F(q_0) \mathrm{e}^{-\mathrm{i}q_0 x} \mathrm{d}q_0 \tag{4.115}$$

边界条件是:

$$E_y^{\text{in}}(x,0) = E_y^{\text{out}}(x,0) \tag{4.116}$$

$$H_x^{\text{in}}(x,0) = H_x^{\text{out}}(x,0) \tag{4.117}$$

将(4.110)和(4.114)式代入(4.116)式中求出:

$$(1+r)u(x) = \frac{1}{2\pi} \int_{-\infty}^{\infty} F(q_0) \mathrm{e}^{-\mathrm{i}q_0 x} \mathrm{d}q_0 \tag{4.118}$$

将(4.111)和(4.115)式代入(4.117)式中求出:

$$\beta(1-r)u(x) = \frac{k_0}{2\pi} \int_{-\infty}^{\infty} F(q_0) \mathrm{e}^{-\mathrm{i}q_0 x} \mathrm{d}q_0 \tag{4.119}$$

由(4.118)和(4.119)式得到:

$$\frac{1+r}{1-r} = \frac{k_0}{\beta} \tag{4.120}$$

由(4.9)和(4.120)式求出:

$$r = \frac{n_{\text{eff}} - 1}{n_{\text{eff}} + 1} \tag{4.121}$$

最后求出端面反射率:

$$R = r^2 = \left(\frac{n_{\text{eff}} - 1}{n_{\text{eff}} + 1} \right)^2 \tag{4.122}$$

该式也适用于 TM 波. 然而, TM 波与 TE 波相比, 它的端面反射率 R 稍小, 这是它的有效折射率 n_{eff} 稍小所致.

4.3.3 光波端面出射

对于 TE 波, 亥姆霍兹方程是:

$$\frac{\partial^2}{\partial x^2} E_y^{\text{out}}(x, z) + \frac{\partial^2}{\partial z^2} E_y^{\text{out}}(x, z) + k_0^2 E_y^{\text{out}}(x, z) = 0 \tag{4.123}$$

令

$$E_y^{\text{out}}(x, z) = u_0(x) e^{-i\beta_0 z} \tag{4.124}$$

其中 β_0 和 $u_0(x)$ 分别是自由空间的纵向传播常数和横向波函数. 将(4.124)式代入 (4.123)式中得到:

$$\frac{\mathrm{d}^2}{\mathrm{d}x^2} u_0(x) + q_0^2 u_0(x) = 0 \tag{4.125}$$

其中

$$q_0^2 = k_0^2 - \beta_0^2 \tag{4.126}$$

令

$$q_0 = k_0 \zeta \tag{4.127}$$

代入(4.125)式中得到:

$$\frac{\mathrm{d}^2}{\mathrm{d}x^2} u_0(x) + (k_0 \zeta)^2 u_0(x) = 0 \tag{4.128}$$

对于给定的 ζ, 由(4.128)式求出:

$$u_0(x, \zeta) = a(\zeta) e^{-ik_0 \zeta x} \tag{4.129}$$

由(4.126)和(4.127)式求出:

$$\beta_0 = k_0\sqrt{1-\zeta^2} \tag{4.130}$$

根据(4.124)、(4.129)和(4.130)式写出特解:

$$E_y^{\text{out}}(x,z,\zeta) = a(\zeta)e^{-ik_0\left(\zeta x + \sqrt{1-\zeta^2}z\right)} \tag{4.131}$$

由(4.131)式对 ζ 积分求出通解:

$$E_y^{\text{out}}(x,z) = \int_{-\infty}^{\infty} a(\zeta)e^{-ik_0\left(\zeta x + \sqrt{1-\zeta^2}z\right)}d\zeta \tag{4.132}$$

现在,我们利用远场近似.在图 4.10 所示的极坐标系中,远场条件是 $k_0 r \gg 1$.

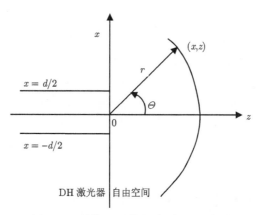

图 4.10　计算 DH 激光器远场的示意图

将(4.132)式改写为:

$$E_y^{\text{out}}(r,0) = \int_{-\infty}^{\infty} a(\zeta)e^{-i\Phi(\zeta)}d\zeta \tag{4.133}$$

其中

$$\Phi(\zeta) = k_0 r\left(\zeta\sin\theta + \sqrt{1-\zeta^2}\cos\theta\right) \tag{4.134}$$

对于远场, (4.133)式中的被积函数如图 4.11 所示. 该图表明, 只是 ζ_0 附近的相位缓慢变化的区域对积分有不为 0 的贡献,因为在其两侧的相位快速变化的区域内⊕的面积近似等于⊖的面积. 因此, 我们只在 ζ_0 附近的相位缓慢变化的区域内求出积分.

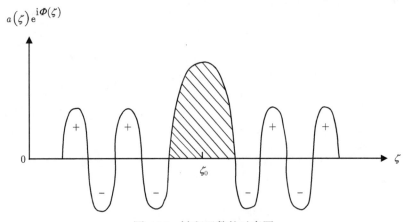

图 4.11 被积函数的示意图

令

$$\frac{\mathrm{d}\Phi(\zeta)}{\mathrm{d}\zeta}\bigg|_{\zeta=\zeta_0} = 0 \tag{4.135}$$

则根据(4.134)式写出决定 ζ_0 的方程：

$$\sin\theta - \frac{\zeta_0}{\sqrt{1-\zeta_0^2}}\cos\theta = 0 \tag{4.136}$$

由该式求出：

$$\zeta_0 = \sin\theta \tag{4.137}$$

代入(4.27)和(4.134)式中，分别求出：

$$q_0 = k_0 \sin\theta \tag{4.138}$$

$$\Phi(\zeta_0) = k_0 r \tag{4.139}$$

在 ζ_0 附近，令 $\zeta = \zeta_0 + v$,将 $\Phi(\zeta)$ 展开为：

$$\Phi(\zeta) = \Phi(\zeta_0) + \Phi'(\zeta)v + \frac{1}{2}\Phi''(\zeta)v^2 + \cdots \tag{4.140}$$

忽略 v^2 以后的高次项，由(4.135)和(4.140)是得到：

$$\Phi(\zeta) = \Phi(\zeta_0) + \frac{1}{2}\Phi''(\zeta_0)v^2 \tag{4.141}$$

由(4.134)和(4.137)式求出：

$$\Phi''(\zeta_0) = -\frac{k_0 r}{\cos^2 \theta} \tag{4.142}$$

将(4.139)和(4.142)式代入(4.141)式中求出：

$$\Phi(\zeta) = k_0 r \left(1 - \frac{v^2}{2\cos^2 \theta}\right) \tag{4.143}$$

将(4.143)式代入(4.133)式中，并取近似 $a(\zeta) = a(\zeta_0)$，求出：

$$
\begin{aligned}
E_y^{\text{out}}(r,\theta) &= a(\zeta_0) e^{-ik_0 r} \int_{-\infty}^{\infty} e^{i\left(\frac{k_0 r}{2\cos^2 \theta}\right)v^2} dv \\
&= \sqrt{\frac{i2\pi}{k_0 r}} e^{-ik_0 r} \cos\theta a(\zeta_0)
\end{aligned}
\tag{4.144}
$$

由(4.132)式得到：

$$E_y^{\text{out}}(x,0) = \int_{-\infty}^{\infty} a(\zeta) e^{-ik_0 \zeta x} d\zeta \tag{4.145}$$

它的傅里叶变换为：

$$a(\zeta) = k_0 \int_{-\infty}^{\infty} E_y^{\text{out}}(x,0) e^{ik_0 \zeta x} dx \tag{4.146}$$

由(4.137)，(4.138)和(4.146)式得到：

$$a(\zeta_0) = k_0 \int_{-\infty}^{\infty} E_y^{\text{out}}(x,0) e^{iq_0 x} dx \tag{4.147}$$

代入(4.144)式中求出：

$$E_y^{\text{out}}(r,\theta) = A(r) \cos\theta F(q_0) \tag{4.148}$$

其中

$$A(r) = \sqrt{\frac{i2\pi k_0}{r}} e^{-ik_0 r} \tag{4.149}$$

$$F(q_0) = \int_{-\infty}^{\infty} E_y^{\text{out}}(x,0) e^{iq_0} dx \tag{4.150}$$

$F(q_0)$ 是 $E_y^{\text{out}}(x,0)$ 的傅里叶变换.

此外, 也可以利用边界条件:

$$E_y^{\text{out}}(x,0) = u(x) \tag{4.151}$$

将(4.150)式改写为:

$$F(q_0) = \int_{-\infty}^{\infty} u(x) e^{iq_0 x} dx \tag{4.152}$$

根据(4.148)式, 写出远场图形:

$$I(\theta) \propto \cos^2\theta \left| F(q_0) \right|^2 \tag{4.153}$$

对于阶跃折射率波导的 0 阶模式, 由(4.5)和(4.152)式求出:

$$F(q_0) = \frac{2(q^2 + \gamma^2)}{(q^2 - q_0^2)} \cos\frac{qd}{2} \left(\gamma \cos\frac{q_0 d}{2} - q_0 \sin\frac{q_0 d}{2} \right) \tag{4.154}$$

由(4.153)和(4.154)式求出:

$$I(\theta) \propto \cos^2\theta \left[\frac{2(q^2 + \gamma^2)}{(q^2 - q_0^2)(\gamma^2 + q_0^2)} \cos\frac{qd}{2} \left(\gamma\cos\frac{q_0 d}{2} - q_0\sin\frac{q_0 d}{2} \right) \right]^2 \tag{4.155}$$

若 d 很小, 则(4.154)和(4.155)式分别简化为:

$$F(q_0) = \frac{2\gamma q^2}{(q^2 - q_0^2)(\gamma^2 + q_0^2)} \tag{4.156}$$

$$I(\theta) \propto \cos^2\theta \left[\frac{2\gamma q^2}{(q^2 - q_0^2)(\gamma + q_0^2)} \right]^2 \tag{4.157}$$

对于渐变折射率波导的高斯模式, 由(4.80)和(4.152)式求出:

$$F(q_0) = \sqrt{\pi} w_0 e^{-\frac{1}{4}(q_0 w_0)^2} \tag{4.158}$$

由(4.153)和(4.158)式求出:

$$I(\theta) \propto \cos^2\theta \, e^{-\frac{1}{2}(q_0 w_0)^2} \tag{4.159}$$

图 4.12 是阶跃折射率波导的 0 阶模式的远场图形, 它类似于渐变折射率波导的高斯模式的远场图形.

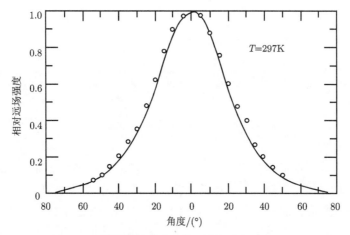

图 4.12 阶跃折射率波导的 0 阶模式的远场图形

注意，对于 TM 波，可以进行类似的分析，这里就不介绍了.

参 考 文 献

[1] Marcuse D. Theory of Dielectric Optical Waveguides, Chap. 1. New York: Academic Press, 1972.

[2] Saleh B E A, Teich M C. Fundamentals of Photonics, Chap. 7, 8. New York: John Wiley & Sons, 1991.

[3] Thompson G H B. Physics of Semiconductor Laser Devices, Chap. 5. New York: John Wiley & Sons, 1980.

[4] Casey H C, Panish M B. Heterostructure Lasers, Part A, Chap. 2. New York: Academic Press, 1978.

[5] Kressel H, Butler J K. Semiconductor Lasers and Heterojunction LEDs, Chap. 5. New York: Academic Press, 1977.

[6] Agrawal G P, Dutta N K. Long-wavelength Semiconductor Lasers, Chap. 2. New York: Nostrand Reinhold, 1986.

[7] 国分泰雄. 光波工程, 第 5 章. 王友功, 译. 北京：科学出版社, 共立出版, 2002.

[8] 郭长志. 半导体激光模式理论, 第 2、3 章. 北京：人民邮电出版社, 1989.

[9] 栖原敏明. 半导体激光器基础, 第 5 章. 周南生, 译. 北京：科学出版社, 共立出版, 2002.

[10] Suematsu Y, Adams A R. Handbook of Semiconductor Lasers and Photonic Integrated Circuits, Chap. 3. London: Chapman & Hall, 1994.

第5章 谐 振 腔

5.1 水平谐振腔

我们讲的谐振腔是内含光增益介质的谐振腔，它能够积蓄光波的能量，因而可以导致光放大和光振荡. 最简单的谐振腔是法布里–珀罗(F-P)谐振腔，它是由两个平行的平面镜组成的. 在实际器件内，光波导的两个平行的端面或两个平行的表面，就构成了 F-P 谐振腔. 前者是很长的水平谐振腔，后者是很短的垂直谐振腔. 本节主要讨论水平谐振腔.

5.1.1 积蓄能量

图 5.1 是 F-P 谐振腔的示意图，其中 z 轴是平面镜的法线，L 是谐振腔长度，R_1 和 R_2 分别是两个平面镜的能量反射率.

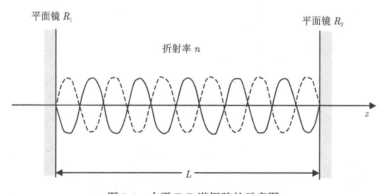

图 5.1 水平 F-P 谐振腔的示意图

光波在两个平面镜之间多次反射叠加，因而积蓄了能量. 当满足谐振条件时，积蓄的能量达到最大值.

令光波的复传播常数为:

$$\tilde{\beta} = \beta + \frac{G_{\text{eff}}}{2} \tag{5.1}$$

其中 G_{eff} 是光波的有效增益系数.

由(1.22)和(4.9)式求出:

$$\beta = \frac{\omega}{c} n_{\text{eff}} \tag{5.2}$$

我们将 F-P 谐振腔内的光波表示为正向波和反向波叠加:

$$E(z) = E_+(0)e^{-i\tilde{\beta}z} + E_-(L)e^{-i\tilde{\beta}(L-z)} \tag{5.3}$$

其中 E_+ 和 E_- 分别是正向波和反向波的振幅.

光波多次反射环行的边界条件是:

$$E_+(L) = E_+(0)e^{-i\tilde{\beta}L} \tag{5.4}$$

$$E_-(L) = E_+(L)\sqrt{R_2} \tag{5.5}$$

$$E_-(0) = E_-(L)e^{-i\tilde{\beta}L} \tag{5.6}$$

$$E_+(0) = E_-(0)\sqrt{R_1} + E_{\text{in}}\sqrt{1-R_1} \tag{5.7}$$

其中 E_{in} 是入射波的振幅.

注意, (5.7)式决定了谐振腔的性质. 若 $E_{\text{in}} \neq 0$, 则(5.4)~(5.7)式为开环边界条件, 谐振腔具有光放大效应; 若 $E_{\text{in}}=0$, 则(5.4)~(5.7)式为闭环边界条件, 谐振腔具有光振荡效应.

由于光子密度 S 与光波振幅 E 的平方成正比, 根据(5.1)和(5.3)式写出:

$$S(z) = S_+(0)e^{G_{\text{eff}}z} + S_-(L)e^{G_{\text{eff}}(L-z)} \tag{5.8}$$

根据(5.4)和(5.5)式写出:

$$S_+(L) = S_+(0)e^{G_{\text{eff}}L} \tag{5.9}$$

$$S_-(L) = S_+(L)R_2 \tag{5.10}$$

由(5.8)~(5.10)式求出:

$$S(z) = S(0)\frac{e^{G_{\text{eff}}z} + R_2 e^{2G_{\text{eff}}L}e^{-G_{\text{eff}}z}}{1 + R_2 e^{2G_{\text{eff}}L}} \tag{5.11}$$

图 5.2 表示光子密度在 F-P 谐振腔内的分布. 光子密度在端面附近最大, 加强了造成端面损伤的光化学效应, 这对器件的可靠性是有害的.

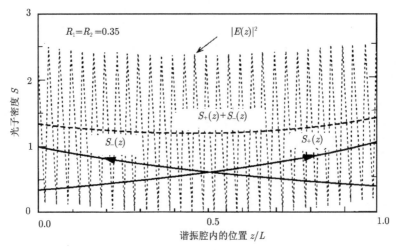

图 5.2　F-P 谐振腔内的光子密度分布

5.1.2　光放大效应

图 5.3 是光放大的示意图. 出射波的振幅是:

$$E_{\mathrm{out}} = E_+(L)\sqrt{1-R_2} \tag{5.12}$$

图 5.3　光放大的示意图

由(5.7)式求出入射波的振幅:

$$E_{\mathrm{in}} = \frac{E_+(0) + E_-(0)\sqrt{R_1}}{\sqrt{1-R_1}} \tag{5.13}$$

利用(5.1)和(5.4)~(5.6)式，由(5.12)和(5.13)式求出 F-P 谐振腔的透射率:

$$T = \frac{\left|E_{\text{out}}\right|^2}{\left|E_{\text{in}}\right|^2} = \frac{(1-R_1)(1-R_2)e^{G_{\text{eff}}L}}{1 + R_1 R_2 e^{2G_{\text{eff}}L} - 2\sqrt{R_1 R_2}e^{G_{\text{eff}}L}\cos(2\beta L)} \tag{5.14}$$

计算的 T 与 ω 的关系如图 5.4 所示. 该图表明, 当 $G_{\text{eff}} > 0$ 时, F-P 谐振腔具有光放大效应, 其放大系数 $M = T$.

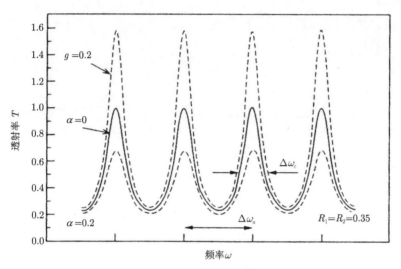

图 5.4　计算的 T 与 ω 的关系

由(5.4)式得到:

$$T_{\max} = \frac{(1-R_1)(1-R_2)e^{G_{\text{eff}}L}}{\left(1 - \sqrt{R_1 R_2}e^{G_{\text{eff}}L}\right)^2} \tag{5.15}$$

$$T_{\min} = \frac{(1-R_1)(1-R_2)e^{G_{\text{eff}}L}}{\left(1 + \sqrt{R_1 R_2}e^{G_{\text{eff}}L}\right)^2} \tag{5.16}$$

由(5.15)和(5.16)式求出:

$$Z = \frac{T_{\max}}{T_{\min}} = \left(\frac{1 + \sqrt{R_1 R_2}e^{G_{\text{eff}}L}}{1 - \sqrt{R_1 R_2}e^{G_{\text{eff}}L}}\right)^2 \tag{5.17}$$

在已知 Z 的实验值后, 由(5.17)式求出光波的有效增益系数:

$$G_{\text{eff}} = \frac{1}{L}\left[\ln\frac{\sqrt{Z}-1}{\sqrt{Z}+1} + \ln\frac{1}{\sqrt{R_1 R_2}}\right] \tag{5.18}$$

根据(5.14)式写出谐振条件:

$$\cos(2\beta L) = 1 \tag{5.19}$$

由(5.19)式求出:

$$\beta L = m\pi \tag{5.20}$$

由(5.2)和(5.20)式求出谐振频率间距:

$$\Delta\omega_a = \frac{c\pi}{n_{\text{eff}}L} \tag{5.21}$$

令 $T = \frac{1}{2}T_{\max}$,并取近似 $\cos(2\Delta\beta L) = 1 - 2(\Delta\beta L)^2$,由(5.14)和(5.15)式求出:

$$\Delta\beta L = \frac{1 - R_0}{2\sqrt{R_0}} \tag{5.22}$$

其中

$$R_0 = \sqrt{R_1 R_2}\,e^{G_{\text{eff}}L} \tag{5.23}$$

令共振频谱宽度为 $\Delta\omega_e$,根据(5.2)式写出:

$$2\Delta\beta = \frac{n_{\text{eff}}}{c}\Delta\omega_e \tag{5.24}$$

由(5.22)和(5.24)式求出:

$$\Delta\omega_e = \frac{c}{n_{\text{eff}}L}\left(\frac{1 - R_0}{\sqrt{R_0}}\right) \tag{5.25}$$

最后，由(5.21)和(5.25)式求出精细度:

$$F = \frac{\Delta\omega_a}{\Delta\omega_e} = \frac{\pi R_0}{1 - R_0} \tag{5.26}$$

(5.25)和(5.26)式表明，当 $R_0 \to 1$ 时，$\Delta\omega_e \to 0$, $F \to \infty$. 如下所述，$R_0 = 1$ 正是光振荡的阈值条件.

5.1.3　光振荡效应

图 5.5 是光振荡的示意图. 令 $E_{\text{in}} = 0$，由(5.4)~(5.7)式得到:

$$\sqrt{R_1R_2}\,\mathrm{e}^{-\mathrm{i}2\tilde{\beta}L} = 1 \tag{5.27}$$

由(5.1)和(5.27)式求出：

$$\sqrt{R_1R_2}\,\mathrm{e}^{G_{\mathrm{eff}}L} = 1 \tag{5.28}$$

$$\mathrm{e}^{-\mathrm{i}2\beta L} = 1 \tag{5.29}$$

(5.28)和(5.29)式分别是光振荡的阈值条件和谐振条件.

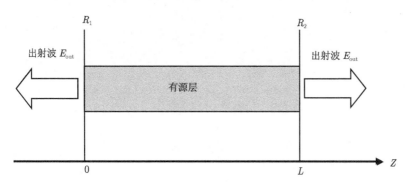

图 5.5　光振荡的示意图

注意：　(5.19)式等于(5.29)式，由(5.2)和(5.29)式也能求出(5.20)式；当 $R_0=1$ 时，(5.23)式变成了(5.28)式，由(5.28)式求出：

$$G_{\mathrm{eff}} = \frac{1}{L}\ln\frac{1}{\sqrt{R_1R_2}} = A_m \tag{5.30}$$

其中 A_m 是谐振腔端面的光波损耗系数.

光波的有效增益系数与光波导的结构有关，写作：

$$G_{\mathrm{eff}} = G_{\mathrm{th}} - A_i \tag{5.31}$$

其中 G_{th} 是光波的阈值增益系数，A_i 是谐振腔内部的光波损耗系数.

由(5.30)和(5.31)式求出：

$$G_{\mathrm{th}} = A_i + A_m = A \tag{5.32}$$

其中 A 是光波的总损耗系数.

对于 DH 结构，芯层是光增益层，包含是光吸收层，光波的有效增益是：

$$G_{\mathrm{eff}} = \frac{\int_{-d/2}^{d/2} (g_{\mathrm{th}} - \alpha_{\mathrm{F}}) u^2(x) \mathrm{d}x}{\int_{-\infty}^{\infty} u^2(x) \mathrm{d}x} - \frac{\int_{-\infty}^{-d/2} \alpha_{\mathrm{N}} u^2(x) \mathrm{d}x}{\int_{-\infty}^{\infty} u^2(x) \mathrm{d}x} - \frac{\int_{d/2}^{\infty} \alpha_{\mathrm{P}} u^2(x) \mathrm{d}x}{\int_{-\infty}^{\infty} u^2(x) \mathrm{d}x} \tag{5.33}$$

其中 g_{th} 是芯层的阈值光增益系数，α_{F}、α_{N} 和 α_{P} 分别是芯层、N 型包层和 P 型包层的光吸收系数，均表示自由载流子吸收.

利用(4.102)式，将(5.33)式简化为：

$$G_{\mathrm{eff}} = g_{\mathrm{th}} \Gamma - [\alpha_{\mathrm{F}} \Gamma + \frac{1}{2}(\alpha_{\mathrm{N}} + \alpha_{\mathrm{P}})(1 - \Gamma)] \tag{5.34}$$

由(5.31)和(5.34)式求出：

$$G_{\mathrm{th}} = g_{\mathrm{th}} \Gamma \tag{5.35}$$

$$A_i = \alpha_{\mathrm{F}} \Gamma + \frac{1}{2}(\alpha_{\mathrm{N}} + \alpha_{\mathrm{P}})(1 - \Gamma) \tag{5.36}$$

现在，根据(1.96)和(1.97)式，写出自由载流子吸收系数：

$$\alpha_{\mathrm{F}} = (\sigma_{\mathrm{N}} + \sigma_{\mathrm{P}}) N_{\mathrm{th}} \tag{5.37}$$

$$\alpha_{\mathrm{N}} = \sigma_{\mathrm{N}} N_{\mathrm{D}} \tag{5.38}$$

$$\alpha_{\mathrm{P}} = \sigma_{\mathrm{P}} N_{\mathrm{A}} \tag{5.39}$$

其中

$$\sigma_{\mathrm{N}} = \frac{q^2 \gamma}{c n \varepsilon_0 \omega^2 m_{\mathrm{C}}^*} \tag{5.40}$$

$$\sigma_{\mathrm{P}} = \frac{q^2 \gamma}{c n \varepsilon_0 \omega^2 m_{\mathrm{V}}^*} \tag{5.41}$$

σ 是自由载流子吸收截面，N_{th} 是阈值载流子密度，N_{D} 和 N_{A} 分别是施主杂质密度和受主杂质密度.

光振荡器的两个端面均有输出功率，我们来求出这两个输出功率 P_1 与 P_2 之比：

$$P_1 \propto S_-(0)(1 - R_1) \tag{5.42}$$

$$P_2 \propto S_+(L)(1 - R_2) \tag{5.43}$$

根据(5.6)式写出：

$$S_-(0) = S_-(L)e^{G_{eff}L} \tag{5.44}$$

利用(5.10)和(5.44)式，由(5.42)和(5.43)式求出：

$$\frac{P_1}{P_2} = \frac{1-R_1}{1-R_2}R_2 e^{G_{eff}L} \tag{5.45}$$

由(5.48)和(5.45)式求出：

$$\frac{P_1}{P_2} = \frac{1-R_1}{1-R_2}\sqrt{\frac{R_2}{R_1}} \tag{5.46}$$

这两个端面的输出功率之和是：

$$P_1 + P_2 = P_0 \tag{5.47}$$

由(5.46)和(5.47)式求出：

$$P_2 = \frac{P_0}{1 + \dfrac{1-R_1}{1-R_2}\sqrt{\dfrac{R_2}{R_1}}} \tag{5.48}$$

最后，必须指出，激光器是光振荡器. 在实际器件内，$E_{in}=0$ 不是完全没有入射波，而入射波是微弱的自发发射的荧光，正是这个微弱的荧光被受激发射放大而成为很强的激光，这就是"星火燎原". 若没有荧光作为火种，则不可能产生具有燎原之势的激光.

5.2　锁模谐振腔

对于光振荡器，光反馈是必不可缺的. 在普通半导体激光器内，光反馈是由 F-P 谐振腔的两个端面提供的，这是集中反馈. F-P 谐振腔没有频率锁定效应，通常出现多模或跳模. 利用与有源层平行耦合的布拉格衍射光栅，能够实现分布反馈. 这种光栅具有频率锁定效应，将振荡频率锁定在布拉格频率附近. 因此，分布反馈激光器是十分稳定的单模器件. 不言而喻，内含布拉格衍射光栅的 F-P 谐振腔也具有频率锁定效应，这就是我们讲的锁模谐振腔.

5.2.1　耦合波分析

图 5.6 是分布反馈激光器的示意图.

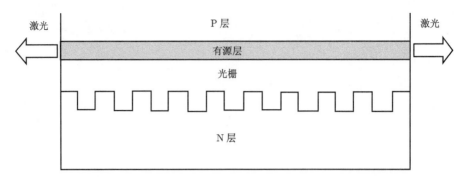

图 5.6　分布反馈激光器的示意图

首先，我们对该结构内的光波进行耦合波分析.

根据 (4.3) 式，写出亥姆霍兹方程：

$$\frac{\partial^2}{\partial x^2} E(x,z) + \frac{\partial^2}{\partial z^2} E(x,z) + k_0^2 [n + \Delta n(x,z)]^2 E(x,z) = 0 \tag{5.49}$$

其中 n 是光栅层的平均析射率，$\Delta n(x,z) \ll n$ 是 z 的周期函数.

将该式左边的最后一项展开，忽略 $\Delta n(x,z)$ 的高次项，得到：

$$\frac{\partial^2}{\partial x^2} E(x,z) + \frac{\partial^2}{\partial z^2} E(x,z) + k_0^2 n^2 E(x,z) + 2k_0^2 n \Delta n(x,z) E(x,z) = 0 \tag{5.50}$$

该式左边的最后一项表示光栅效应.

当 $\Delta n = 0$ 时，(5.50) 式简化为 (4.3) 式，其通解是：

$$E(x,z) = u(x)\left[A e^{i\beta z} + B e^{-i\beta z} \right] \tag{5.51}$$

其中 A 和 B 均为常数.

当 $\Delta n \neq 0$ 时，由于光栅的布拉格衍射，A 和 B 均为 z 的缓变函数. 假定 $u(x)$ 不受 Δn 的影响，将 (5.51) 式改写为：

$$E(x,z) = u(x)\left[A(z) e^{i\beta z} + B(z) e^{-i\beta z} \right] \tag{5.52}$$

将 (5.52) 式代入 (5.50) 式中，忽略高阶小量，并利用 (4.4) 式，得到：

$$
\begin{aligned}
u(x)&\left[\frac{\mathrm{d}}{\mathrm{d}z} A(z) e^{i\beta z} - \frac{\mathrm{d}}{\mathrm{d}z} B(z) e^{-i\beta z} \right] \\
&= i \frac{k_0^2}{\beta} n \Delta n(x,z) u(x)\left[A(z) e^{i\beta z} + B(z) e^{-i\beta z} \right]
\end{aligned}
\tag{5.53}
$$

在该式两边乘以 $u(x)$ 后对 x 积分，求出：

$$\frac{\mathrm{d}}{\mathrm{d}z}A(z)\mathrm{e}^{\mathrm{i}\beta z} - \frac{\mathrm{d}}{\mathrm{d}z}B(z)\mathrm{e}^{-\mathrm{i}\beta z}$$

$$= \mathrm{i}\frac{k_0^2}{\beta}n\frac{\displaystyle\int_h \Delta n(x,z)u^2(x)\mathrm{d}x}{\displaystyle\int_{-\infty}^{\infty}u^2(x)\mathrm{d}x}\Big[A(z)\mathrm{e}^{\mathrm{i}\beta z} + B(z)\mathrm{e}^{-\mathrm{i}\beta z}\Big] \tag{5.54}$$

其中 h 是光栅层厚度.

将 $\Delta n(x,z)$ 展开为傅里叶级数:

$$\Delta n(x,z) = \sum_{l\neq 0}\Delta n_l(x)\mathrm{e}^{\pm\mathrm{i}2\beta_\mathrm{B}z} \tag{5.55}$$

其中

$$\beta_B = l\frac{\pi}{\Lambda}, \quad l = 1,2,3,\cdots \tag{5.56}$$

β_B 是布拉格波数, Λ 是光栅的周期.

由于光栅的布拉格衍射, 虽然可能有许多对不同阶的正向波和反向波, 但是只有 $\beta \approx \beta_\mathrm{B}$ 的一对正向波和反向波占绝对优势. 因此, 在耦合波分析中, 只考虑这一对正向波和反向波, 而其他均忽略不计.

将波数失配写作:

$$\Delta\beta = \beta - \beta_\mathrm{B} \tag{5.57}$$

令 l 阶光栅的 $\Delta\beta$ 最小, 将(5.55)式简化为:

$$\Delta n(x,z) = \Delta n_l(x)\mathrm{e}^{\pm\mathrm{i}2\beta_\mathrm{B}z} \tag{5.58}$$

将(5.58)式代入(5.54)式中, 求出耦合波方程组:

$$\frac{\mathrm{d}}{\mathrm{d}z}A(z) = \mathrm{i}kB(z)\mathrm{e}^{-\mathrm{i}2\Delta\beta z} \tag{5.59}$$

$$\frac{\mathrm{d}}{\mathrm{d}z}B(z) = -\mathrm{i}kA(z)\mathrm{e}^{\mathrm{i}2\Delta\beta z} \tag{5.60}$$

其中

$$k = \frac{k_0^2}{\beta}n\frac{\displaystyle\int_h \Delta n_l(x,z)u^2(x)\mathrm{d}x}{\displaystyle\int_{-\infty}^{\infty}u^2(x)\mathrm{d}x} \tag{5.61}$$

k 称为耦合系数.

采用布拉格波数作为传播常数更为方便. 将(5.51)式改写为:

$$E(x,z) = u(x)\left[A(z)\mathrm{e}^{\mathrm{i}\beta_B z} + B(z)\mathrm{e}^{-\mathrm{i}\beta_B z}\right] \tag{5.62}$$

其中

$$A(z) = a(z)\mathrm{e}^{-\mathrm{i}\Delta\beta z} \tag{5.63}$$

$$B(z) = b(z)\mathrm{e}^{\mathrm{i}\Delta\beta z} \tag{5.64}$$

将(5.63)和(5.64)式代入(5.59)和(5.60)式中，分别求出：

$$\frac{\mathrm{d}}{\mathrm{d}z}a(z) = \mathrm{i}\Delta\beta a(z) + \mathrm{i}kb(z) \tag{5.65}$$

$$-\frac{\mathrm{d}}{\mathrm{d}z}b(z) = \mathrm{i}\Delta\beta b(z) + \mathrm{i}ka(z) \tag{5.66}$$

方程组(5.65)和(5.66)式的通解是：

$$a(z) = a_1\mathrm{e}^{\mathrm{i}qz} + a_2\mathrm{e}^{-\mathrm{i}qz} \tag{5.67}$$

$$b(z) = b_1\mathrm{e}^{\mathrm{i}qz} + b_2\mathrm{e}^{-\mathrm{i}qz} \tag{5.68}$$

其中 q 是由边界条件决定的波数.

将(5.67)和(5.68)式代入(5.65)和(5.66)式中，分别求出：

$$(q - \Delta\beta)a_1 = kb_1, \quad (q + \Delta\beta)b_1 = -ka_1 \tag{5.69}$$

$$(q - \Delta\beta)b_2 = ka_2, \quad (q + \Delta\beta)a_2 = -kb_2 \tag{5.70}$$

这是二阶矩阵. 我们求出：

若

$$q = \sqrt{(\Delta\beta)^2 - k^2} \tag{5.71}$$

则各系数 (a_1, a_2, b_1, b_2) 均有非零值.

(5.71)式表明，若 $|\Delta\beta| < k$，则 q 为虚数，正向波和反向波均不能在光栅层内传播. 也就是说，光栅层有一个宽度为 $2k$ 的截止带.

由(5.67)和(5.69)式消去 a_2，由(5.68)和(5.70)式消去 b_1，分别得到：

$$a(z) = a_1\mathrm{e}^{\mathrm{i}qz} - rb_2\mathrm{e}^{-\mathrm{i}qz} \tag{5.72}$$

$$b(z) = b_2\mathrm{e}^{-\mathrm{i}qz} - ra_1\mathrm{e}^{\mathrm{i}qz} \tag{5.73}$$

其中

$$r = \frac{k}{q + \Delta\beta} \tag{5.74}$$

$r \leqslant 1$是光栅的振幅反射率. 它将正向波的一部分反射给反向波, 而将反向波的一部分反射给正向波.

最后, 我们来求出耦合系数. 根据(5.58)式, 写出布拉格衍射光栅的傅里叶系数:

$$\Delta n_l(x) = \frac{1}{\Lambda}\int_0^{\Lambda}\Delta n_l(x,z)\mathrm{e}^{\mp\mathrm{i}2\beta_{\mathrm{B}}z}\mathrm{d}z \tag{5.75}$$

考虑图 5.7 所示的具有矩形光栅的分布反馈激光器结构. 令 $\Delta n_l \approx \Delta n = n_2 - n_1$, 由(5.75)式求出:

$$\Delta n_l = \Delta n\frac{\sin(l\pi/2)}{l\pi} \tag{5.76}$$

将(5.76)式代入(5.61)式中, 并令 $n \approx \beta/k_0$, 求出:

$$\kappa = k_0\Delta n\gamma\frac{\sin(l\pi/2)}{l\pi} \tag{5.77}$$

其中

$$\gamma = \frac{\displaystyle\int_h u^2(x)\mathrm{d}x}{\displaystyle\int_{-\infty}^{\infty} u^2(x)\mathrm{d}x} \tag{5.78}$$

γ 是振荡模式的能量漏入光栅层内的比率.

对于 $l=1$ 阶光栅, 由(5.77)式求出:

$$\kappa = k_0\Delta n\,\gamma/\pi \tag{5.79}$$

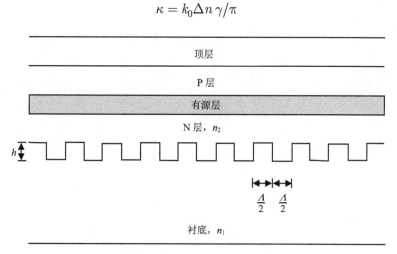

图 5.7　典型的分布反馈激光器结构的示意图

5.2.2　分布反馈

其次，我们讨论分布反馈(DFB)激光器.

根据(5.1)和(5.71)式，写出复波数：

$$\tilde{q} = \sqrt{(\Delta\tilde{\beta})^2 - k^2} \tag{5.80}$$

其中

$$\Delta\tilde{\beta} = \Delta\beta + \mathrm{i}\frac{G_{\mathrm{eff}}}{2} \tag{5.81}$$

在弱耦合条件下，$G_{\mathrm{eff}} \gg k$, (5.80)式简化为：

$$\tilde{q} = \Delta\tilde{\beta} \tag{5.82}$$

将(5.74)式改写为：

$$\tilde{r} = \frac{k}{\tilde{q} + \Delta\tilde{\beta}} \tag{5.83}$$

$\tilde{r}$ 是复振幅反射率.

由(5.81)~(5.83)式求出：

$$\tilde{r} = \frac{k}{\sqrt{(2\Delta\beta)^2 + G_{\mathrm{eff}}^2}}\mathrm{e}^{-\mathrm{i}\varphi} \tag{5.84}$$

其中

$$\varphi = \arctan\frac{G_{\mathrm{eff}}}{2\Delta\beta} \tag{5.85}$$

将(5.72)和(5.73)分别改写为：

$$a(z) = a_1\mathrm{e}^{\mathrm{i}\tilde{q}z} - \tilde{r}b_2\mathrm{e}^{-\mathrm{i}\tilde{q}z} \tag{5.86}$$

$$b(z) = b_2\mathrm{e}^{-\mathrm{i}\tilde{q}z} - \tilde{r}a_1\mathrm{e}^{\mathrm{i}\tilde{q}z} \tag{5.87}$$

端面边界条件是：

$$b(0) = r_2 a(0) \tag{5.88}$$

$$a(L) = r_1 b(L) \tag{5.89}$$

利用(5.88)和(5.89)式，由(5.86)和(5.87)式分别得到：

$$b_2(1 + r_2\tilde{r}) - a_1(r_2 + \tilde{r}) = 0 \tag{5.90}$$

$$a_1(1 + r_1\tilde{r}) - b_2(r_1 + \tilde{r})e^{-i2\tilde{q}L} = 0 \tag{5.91}$$

由(5.90)和(5.91)式求出 $\tilde{q}$ 的本征值方程:

$$\frac{(r_1 + \tilde{r})(r_2 + \tilde{r})}{(1 + r_1\tilde{r})(1 + r_2\tilde{r})}e^{-i2\tilde{q}L} = 1 \tag{5.92}$$

若没有光栅, $\tilde{r} = 0$,则(5.92)式简化为:

$$r_1 r_2 e^{-i2\tilde{q}L} = 1 \tag{5.93}$$

该式与(5.27)式等效.

若没有端面(在实际器件的端面上镀全透射膜), $r_1 = r_2 = 0$,则(5.92)式简化为:

$$\tilde{r}^2 e^{-i2\tilde{q}L} = 1 \tag{5.94}$$

这是理想的分布反馈激光器的光振荡条件.

利用(5.81)式,将(5.82)和(5.84)式化入(5.94)式中求出:

$$\frac{k^2}{(2\Delta\beta)^2 + G_{\text{eff}}^2}e^{G_{\text{eff}}L}e^{-i2(\Delta\beta L + \varphi)} = 1 \tag{5.95}$$

由该式得到阈值条件和谐振条件:

$$\frac{k^2}{(2\Delta\beta)^2 + G_{\text{eff}}^2}e^{G_{\text{eff}}L} = 1 \tag{5.96}$$

$$e^{-i2(\Delta\beta L + \varphi)} = 1 \tag{5.97}$$

由(5.97)式求出:

$$\Delta\beta L = \pm(m\pi - \varphi) \tag{5.98}$$

其中 $m = 1, 2, 3, \cdots$.

图 5.8 表示在布拉格频率附近的 6 个谐振模式的 $G_{\text{eff}}L$ 与 $\Delta\beta L$ 的关系. 在激光器内, 有效增益最小的模式是振荡模式. 显然, $m = \pm 1$ 的谐振模式的 G_{eff} 最小, 因而在器件内建立了这两个模式的光振荡, 这是双模振荡. 在一般情况下, $\Delta\beta$ 取最小值. 由于 $\Delta\beta \ll G_{\text{eff}}$,由(5.85)式求出 $\varphi \approx \pi/2$. 若我们采用 $\pi/2$ 相移光栅,则可以建立 $\omega \approx \omega_{\text{B}}$ 的单模振荡, ω_{B} 是布拉格频率. 此外, 若光栅两端的周期不完整, 也能引入附加相移, 因而导致单模振荡. 目前的器件工艺尚不能控制附加相移, 这就造成了分布反馈激光器的振荡频率的一致性不能令人满意.

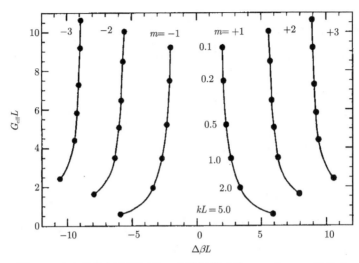

图 5.8　在布拉格频率附近的 6 个谐振模式的 $G_{\text{eff}}L$ 与 $\Delta\beta L$ 的关系

5.2.3　锁模效应

最后，我们讨论锁模效应，推导锁模谐振腔的光振荡条件. 不言而喻，内含布拉格衍射光栅的 F-P 腔，既能提供集中反馈，又能提供分布反馈，它当然具有频率锁定效应，这就是我们讲的锁模谐振腔.

我们考虑 $r_1 = r_2 = \sqrt{R}$ 的情况. (5.29)式简化为:

$$\frac{\sqrt{R} + \tilde{r}}{1 + \sqrt{R}\tilde{r}} \mathrm{e}^{-\mathrm{i}\tilde{q}L} = 1 \tag{5.99}$$

由于 $\varphi \approx \dfrac{\pi}{2}$，(5.81)式简化为:

$$\tilde{r} = -\frac{\mathrm{i}k}{\sqrt{(2\Delta\beta)^2 + G_{\text{eff}}^2}} \tag{5.100}$$

代入(5.99)式中求出:

$$\frac{\sqrt{R} - \dfrac{\mathrm{i}k}{\sqrt{(2\Delta\beta)^2 + G_{\text{eff}}^2}}}{1 - \dfrac{\mathrm{i}\sqrt{R}k}{\sqrt{(2\Delta\beta)^2 + G_{\text{eff}}^2}}} \mathrm{e}^{-\mathrm{i}\tilde{q}L} = 1 \tag{5.101}$$

该式改写为:

$$\frac{\sqrt{\left[\sqrt{R}+\dfrac{\sqrt{R}k^2}{(2\Delta\beta)^2+G_{\text{eff}}^2}\right]^2+\dfrac{k^2(1-\sqrt{R})^2}{(2\Delta\beta)^2+G_{\text{eff}}^2}}}{1+\dfrac{Rk^2}{(2\Delta\beta)^2+G_{\text{eff}}^2}}\mathrm{e}^{-\mathrm{i}\phi}\mathrm{e}^{-\mathrm{i}\tilde{q}L}=1 \tag{5.102}$$

其中

$$\phi=\arctan\frac{\dfrac{k(1-\sqrt{R})}{\sqrt{(2\Delta\beta)^2+G_{\text{eff}}^2}}}{\sqrt{R}+\dfrac{\sqrt{R}k^2}{(2\Delta\beta)^2+G_{\text{eff}}^2}} \tag{5.103}$$

由(5.81)和(5.82)式得到:

$$\tilde{q}=\Delta\beta+\mathrm{i}\frac{G_{\text{eff}}}{2} \tag{5.104}$$

代入(5.102)式中求出:

$$\frac{\left[\sqrt{R}+\dfrac{\sqrt{R}k^2}{(2\Delta\beta)^2+G_{\text{eff}}^2}\right]^2+\dfrac{k^2(1-\sqrt{R})^2}{(2\Delta\beta)^2+G_{\text{eff}}^2}}{\left[1+\dfrac{Rk^2}{(2\Delta\beta)^2+G_{\text{eff}}^2}\right]^2}\mathrm{e}^{G_{\text{eff}}L}\mathrm{e}^{-\mathrm{i}2(\Delta\beta L+\phi)}=1 \tag{5.105}$$

由(5.105)式求出阈值条件和谐振条件:

$$\frac{\left[\sqrt{R}+\dfrac{\sqrt{R}k^2}{(2\Delta\beta)^2+G_{\text{eff}}^2}\right]^2+\dfrac{k^2(1-\sqrt{R})^2}{(2\Delta\beta)^2+G_{\text{eff}}^2}}{\left[1+\dfrac{Rk^2}{(2\Delta\beta)^2+G_{\text{eff}}^2}\right]^2}\mathrm{e}^{G_{\text{eff}}L}=1 \tag{5.106}$$

$$\mathrm{e}^{-\mathrm{i}2(\Delta\beta L+\phi)}=1 \tag{5.107}$$

由(5.107)式求出:

$$\Delta\beta L=\pm(m\pi-\phi) \tag{5.108}$$

在计算中，给定 R 和 k，由(5.103)，(5.106)和(5.108)式求出 $\Delta\beta, \phi$ 和 G_{eff}.

若 $k=0$，由(5.103)式求出 $\phi=0$，(5.106)和(5.108)式分别简化为(5.28)和(5.20)式，这是集中反馈的情况.

若 $R=0$，由(5.103)式求出 $\phi=\pi/2$，(5.106)和(5.108)式分别简化为(5.96)和(5.98)式，这是分布反馈的情况.

5.3   垂直谐振腔

当代的垂直谐振腔是，分布布拉格反射器(DBR)替代了表面平面镜. DBR 是折射率周期变化的多层结构，其中各层的厚度均为四分之一波长. 当然，也可以是布拉格光栅. DBR 的反射率可能接近于 1，相邻两层的折射率差越大，反射率谱越宽，而要求的周期数越少. DBR 可以替代 F-P 谐振腔的平面镜，在垂直腔激光器内大有用处. 这里，首先分析分布布拉格反射器，然后谈谈垂直谐振腔的设计.

5.3.1   分布布拉格反射器

图 5.9 是 DBR 反射的示意图. 我们来讨论 DBR 的反射率.

由(5.72)式得到：

$$b_2 = b(0) + ra_1 \tag{5.109}$$

代入(5.72)和(5.73)式中，分别求出：

$$a(z) = a_1 \left(e^{iqz} - r^2 e^{-iqz} \right) - rb(0)e^{-iqz} \tag{5.110}$$

$$b(z) = b(0)e^{iqz} + ra_1 \left(e^{iqz} + e^{-iqz} \right) \tag{5.111}$$

令 r_0 为表面的振幅反射率，则边界条件是：

$$r_0 = \frac{a(L_{\mathrm{B}})}{b(L_{\mathrm{B}})} \tag{5.112}$$

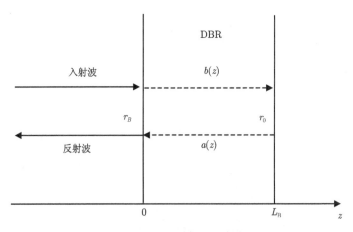

图 5.9   DBR 反射的示意图

由(5.110)和(5.111)式分别求出：

$$a(L_B) = a_1\left(e^{iqL_B} - r^2 e^{-iqL_B}\right) - rb(0)e^{-iqL_B} \tag{5.113}$$

$$b(L_B) = b(0)e^{iqL_B} + ra_1(e^{iqL_B} + e^{-iqL_B}) \tag{5.114}$$

代入(5.112)式中求出：

$$a_1 = b(0)\frac{r_0 e^{iqL_B} + r e^{-iqL_B}}{e^{iqL_B}(1 - rr_0) - e^{-iqL_B}(r^2 - rr_0)} \tag{5.115}$$

由(5.110)和(5.115)式求出：

$$a(z) = b(0)\left[\frac{\left(r_0 e^{iqL_B} + r e^{-iqL_B}\right)\left(e^{iqz} - r^2 e^{-iqz}\right)}{e^{iqL_B}(1 - rr_0) - e^{-iqL_B}(r^2 - rr_0)} - r e^{-iqz}\right] \tag{5.116}$$

由(5.116)式求出：

$$a(0) = b(0)\left[\frac{\left(r_0 e^{iqL_B} + r e^{-iqL_B}\right)(1 - r^2)}{e^{iqL_B}(1 - rr_0) - e^{-iqL_B}(r^2 - rr_0)} - r\right] \tag{5.117}$$

DBR 的复振幅反射率是：

$$\tilde{r}_B = -\frac{a(0)}{b(0)} \tag{5.118}$$

由(5.117)和(5.118)式求出：

$$\tilde{r}_B = r - \frac{(r_0 e^{iqL_B} + r e^{-iqL_B})(1 - r^2)}{e^{iqL_B}(1 - rr_0) - e^{-iqL_B}(r^2 - rr_0)} \tag{5.119}$$

若 $r_0 = 0$，则(5.119)式简化为：

$$\tilde{r}_B = r\frac{e^{iqL_B} - e^{-iqL_B}}{e^{iqL_B} - r^2 e^{-iqL_B}} \tag{5.120}$$

将(5.47)式代入(5.120)式中求出：

$$\tilde{r}_B = \frac{ik \tanh qL_B}{q + i\Delta\beta \tanh qL_B} \tag{5.121}$$

将该式改写为:

$$\tilde{r}_B = r_B e^{i\varphi_B} \tag{5.122}$$

其中

$$r_B = \frac{k \tanh qL_B}{q^2 - (\Delta\beta \tanh qL_B)^2} \sqrt{q^2 + (\Delta\beta \tanh qL_B)^2} \tag{5.123}$$

$$\varphi_B = \arctan\left[\frac{q}{\Delta\beta \tanh qL_B}\right] \tag{5.124}$$

根据(5.123)式写出能量反射率:

$$R_B = \left[\frac{k \tanh qL_B}{q^2 - (\Delta\beta \tanh qL_B)^2}\right]^2 [q^2 + (\Delta\beta \tanh qL_B)^2] \tag{5.125}$$

当 $\Delta\beta = 0$ 时, (5.123)、(5.124)和(5.125)式分别简化为:

$$r_B = \tanh kL_B \tag{5.126}$$

$$\varphi_B = \frac{\pi}{2} \tag{5.127}$$

$$R_B = (\tanh kL_B)^2 \tag{5.128}$$

图 5.10 表示 φ_B 与 $\Delta\beta L_B$ 的关系, 图 5.11 表示 R_B 与 $\Delta\beta L_B$ 的关系, 图 5.12 表示 $\Delta\beta = 0$ 时 R_B 与 kL_B 的关系.

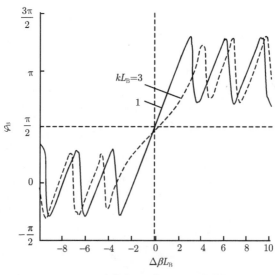

图 5.10　计算的 φ_B 与 $\Delta\beta L_B$ 的关系

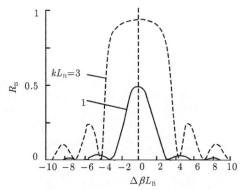

图 5.11 计算的 R_B 与 $\Delta\beta L_B$ 的关系

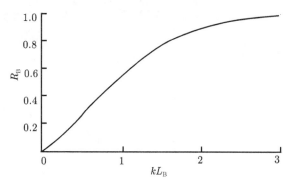

图 5.12 计算的 $\Delta\beta = 0$ 时 R_B 与 kL_B 的关系

5.3.2 垂直谐振腔设计

当代的垂直腔半导体激光器均为量子阱(QW)器件, 其谐振腔的设计原则是: ① 要求谐振腔最短; ② 建立偶阶模式的光振荡.

令谐振腔内的折射率为 n_c, 则可能考虑两种方案:

(1) $n_c = n_1 < n_2$, DBR 提供外反射, 反射相移 $\phi = \pi$, 布拉格条件是:

$$2k_c L = 2\pi + 2m\pi \tag{5.129}$$

其中

$$k_c = \frac{2\pi}{\lambda} n_c \tag{5.130}$$

由 (5.129) 和 (5.130) 式求出:

$$L = \frac{\lambda}{2n_c}(m+1) \tag{5.131}$$

令 $m=0$，求出谐振腔长度：

$$L = \frac{\lambda}{2n_{\mathrm{c}}}$$

(5.132)

这是半波长谐振腔，有源层在中间的波腹上，如图 5.13 所示.

(2) $n_{\mathrm{c}} = n_2 > n_1$，DBR 提供内反射，反射相移 $\phi = 0$，布拉格条件是：

$$2k_{\mathrm{c}}L = 2m\pi$$

(5.133)

由(5.130)和(5.133)式求出：

$$L = \frac{\lambda}{2n_{\mathrm{c}}} m$$

(5.134)

令 $m=2$，求出谐振腔长度：

$$L = \frac{\lambda}{n_{\mathrm{c}}}$$

(5.135)

这是全波长谐振腔，有源层在中间的波腹上，如图 5.14 所示.

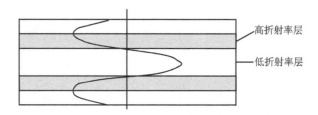

图 5.13　半波长谐振腔的示意图

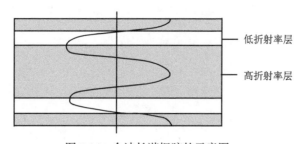

图 5.14　全波长谐振腔的示意图

根据(5.30)式写出光波的有效增益系数：

$$G_{\text{eff}} = \frac{1}{L_{\text{eff}}} \ln \frac{1}{R_{\text{B}}} \tag{5.136}$$

其中

$$L_{\text{eff}} = L + 2l \tag{5.137}$$

l 是光波的消失长度, 即光波进入 DBR 的深度. 这里, 消失长度的定义是:

$$l = -\frac{1}{2} \frac{\partial \varphi_{\text{B}}}{\partial (\Delta \beta)} \bigg|_{\Delta \beta = 0} \tag{5.138}$$

由 (5.124) 和 (5.138) 式求出:

$$l = \frac{L_{\text{B}}}{2} \frac{\tanh kL_{\text{B}}}{kL_{\text{B}}} \tag{5.139}$$

令 $\gamma = 1$, 由 (4.26) 和 (5.79) 式求出耦合系数:

$$k = \frac{2(n_2 - n_1)}{\lambda} \tag{5.140}$$

令周期数为 N, 则 DBR 的长度是

$$L_{\text{B}} = \left(\frac{\lambda}{4n_1} + \frac{\lambda}{4n_2} \right) N \tag{5.141}$$

由 (5.140) 和 (5.141) 式求出:

$$kL_{\text{B}} = \frac{n_2^2 - n_1^2}{2n_1 n_2} N \tag{5.142}$$

利用微扰近似, 将反射率谱宽度写作:

$$\Delta \lambda = 4 \frac{n_2 - n_1}{n_2 + n_1} \lambda \tag{5.143}$$

该式表明, 相邻两层的折射率差越大, DRB 的反射谱越宽.

图 5.15 表示 $\text{AlAs} / \text{Al}_{0.1}\text{Ga}_{0.9}\text{As}$ DRB 的反射率 R_{B} 与波长 λ 的关系. AlAs 和 $\text{Al}_{0.1}\text{Ga}_{0.9}\text{As}$ 的折射率分别是 $n_1 = 2.95$ 和 $n_2 = 3.53$, 对应的厚度分别是

$d_1 = 74\mathrm{nm}$ 和 $d_2 = 63\mathrm{nm}$. 对于 GaAs 谐振腔，给定 $N = 20$ 和 $\lambda = 0.88\mu\mathrm{m}$，求出 $k = 1.3/\mu\mathrm{m}$. $L_B = 2.7\mu\mathrm{m}$ 和 $l = 0.25\mu\mathrm{m}$. 全波长谐振腔内的光强度分布如图 5.16 所示.

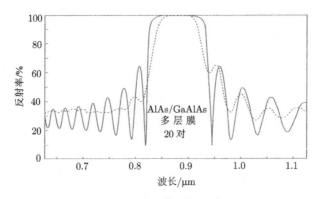

图 5.15   AlAs/Al$_{0.1}$Ga$_{0.9}$As DBR 的反射率 R_B 与波长 λ 的关系

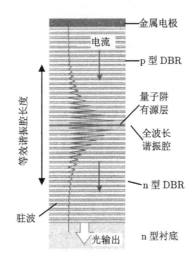

图 5.16   全波长谐振腔内的光强度分布

5.3.3   径向单模条件

如图 5.17 所示,垂直谐振腔的形状与硬币相似,我们面对的是圆柱光波导. 在垂直谐振腔设计中，是否要求径向单模？视实际应用而定. 这里，利用圆柱光波导分析的结果，我们来求出径向单模条件.

考虑 TE 波，将径向波函数写作:

$$u(r) = \begin{cases} J_0(qr), & r \leqslant a \\ K_0(\gamma r), & r \leqslant a \end{cases} \tag{5.144}$$

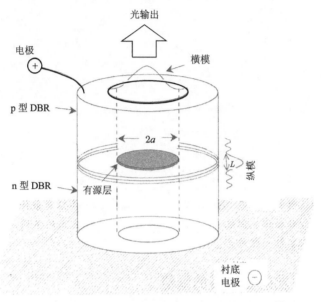

图 5.17　垂直腔表面发射激光器内的圆柱光波导的示意图

其中 a 是芯子的半径，$J_0(x)$ 是第一类贝塞尔函数 $K_0(x)$ 是第二类变形贝塞尔函数，分别如图 5.18 和图 5.19 所示.

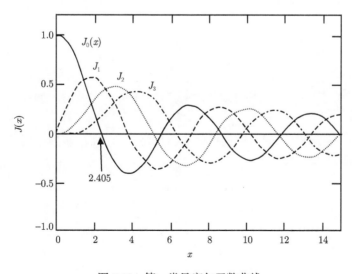

图 5.18　第一类贝塞尔函数曲线

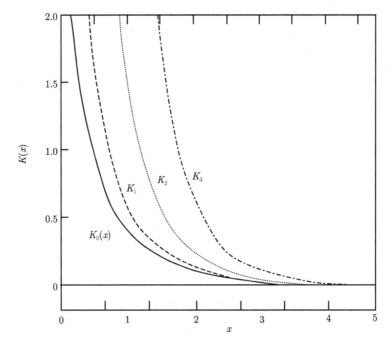

图 5.19   第二类变形贝塞尔函数曲线

决定 q 和 γ 的方程组是(4.11)式和如下方程:

$$qa\frac{J_1(qa)}{J_0(qa)} = \gamma a\frac{K_1(\gamma a)}{K_0(\gamma a)} \tag{5.145}$$

我们采用归一化的参量. 令

$$X = qa \tag{5.146}$$

$$Y = \gamma a \tag{5.147}$$

$$D = k_0 a\sqrt{n_2^2 - n_1^2} \tag{5.148}$$

其中 n_2 和 n_1 分别是芯子和包层的折射率, 切勿与 DBR 的折射率混淆.

将(5.145)式改写为:

$$X\frac{J_1(X)}{J_0(X)} = Y\frac{K(Y)}{K_0(Y)} \tag{5.149}$$

由(4.11)式得到:

$$Y = \sqrt{D^2 - X^2} \tag{5.150}$$

代入(5.149)式中求出:

$$X \frac{J_1(X)}{J_0(X)} = \sqrt{D^2 - X^2} \frac{K_1(\sqrt{D^2 - X^2})}{K_0(\sqrt{D^2 - X^2})} \tag{5.151}$$

这是决定 X 的方程.

例如, 当 $D=10$ 时, (5.151)式的解如图 5.20 所示. 在 $0 < X < D$ 之间有三个交点, 分别对应于 X_{01}、X_{02} 和 X_{03} 模式.

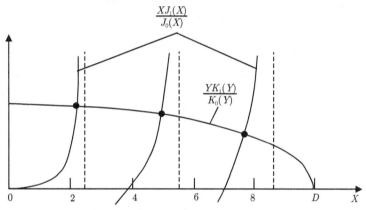

图 5.20   采用图解法求出本征值方程(5.151)式的解

图 5.20 表明, 径向单模条件是:

$$D < \frac{3}{4}\pi \tag{5.152}$$

由(4.26)、(5.148)和(5.152)式求出:

$$a < \frac{3}{8} \frac{\lambda}{\sqrt{n_2^2 - n_1^2}} \tag{5.153}$$

参 考 文 献

[1] Saleh B E A, Teich M C. Fundamentals of Photonics, Chap. 8, 9. New York: John Wiley & Sons, 1991
[2] Casey H C, Panish M B. Heterostructure Lasers, Part A, Chap. 2. New York: Academic Press, 1978
[3] Agrawal G P, Dutta N K. Long-wavelength Semiconductor Lasers, Chap. 2, 7. New York: Nostrand Reinhold, 1986

[4] Tsang W T. 半导体注入型激光器, 第 9 章. 江剑平, 等, 译. 北京: 清华大学出版社, 电子工业出版社, 1990

[5] 江剑平. 半导体激光器, 第 6 章, 北京: 电子工业出版社, 2000

[6] 栖原敏明. 半导体激光器基础, 第 5, 7 章. 周南生, 译. 北京: 科学出版社, 共立出版, 2002

[7] Kogelnik H, Shank C V. J. Appl. Phys. 1972, 43, 2327

[8] 伊贺健一, 小山二三夫. 面发射激光器基础与应用, 第 3 章. 郑军, 译. 北京: 科学出版社, 共立出版, 2002

[9] 国分泰雄. 光波工程, 第 4, 6 章. 王友功, 译. 北京: 科学出版社, 共立出版, 2002

[10] Suematsu Y, Adams A R. Handbook of Semiconductor Lasers and Photonic Integrated Circuits, Chap. 9. London: Chapman & Hall, 1994

第6章 速率方程分析

6.1 速率方程

在半导体激光器内，载流子和光子相互作用的许多问题，可以不必考虑光波的相位，而由经典的速率方程分析来处理. 也就是说，在量子概念的基础上，写出表示粒子数守恒的速率方程组，能够使理论分析大为简化. 我们采用载流子和光子均匀分布近似，写出描述载流子密度和光子密度随时间变化的方程组，这样处理得到的结果不失普遍性.

6.1.1 单模速率方程

若将半导体的导带和价带等效为二能级系统，则根据(2.166)式写出载流子密度速率方程：

$$\frac{\mathrm{d}N}{\mathrm{d}t} = \frac{J}{qd} - \frac{c}{n}gS - \frac{N}{\tau} \tag{6.1}$$

其中 N 是载流子密度，τ 是载流子寿命，J 是注入电流密度，d 是有源区厚度.

在(6.1)式的右边，第一项表示载流子密度因加上电流而增大的速率，第二项和第三项分别表示载流子密度因受激复合和自发复合而减小的速率.

令注入载流子密度为：

$$N_{\mathrm{j}} = \frac{\tau J}{qd} \tag{6.2}$$

将(6.1)式改写为：

$$\frac{\mathrm{d}N}{\mathrm{d}t} = \frac{N_{\mathrm{j}} - N}{\tau} - \frac{c}{n}gS \tag{6.3}$$

由于光子密度与光强度成正比，根据(1.121)式写出光子密度速率方程：

$$\frac{\mathrm{d}S}{\mathrm{d}t} = \frac{c}{n}(G - A)S + \frac{N}{\tau}\sigma \tag{6.4}$$

其中 S 是光子密度，G 和 A 分别是模式增益和模式损耗，σ 表示自发发射的光子进入振荡模式内的比率，称为自发发射因子.

在(6.4)式的右边，第一项和第二项分别表示光子密度因受激发射和吸收而增大和减小的速率，第三项表示自发发射的贡献. 如前所述，自发发射是必不可缺的.

利用(3.152)和(5.35)式，将(6.3)和(6.4)式分别改写为：

$$\frac{\mathrm{d}N}{\mathrm{d}t} = \frac{N_{\mathrm{j}} - N}{\tau} - \frac{c}{n}a(N - N')S \tag{6.5}$$

$$\frac{\mathrm{d}S}{\mathrm{d}t} = \frac{c}{n}[\Gamma a(N - N') - A]S + \frac{N}{\tau}\sigma \tag{6.6}$$

(6.5)和(6.6)式是决定 N 和 S 的非线性方程组.

6.1.2 多模速率方程

上面写出了单模速率方程. 实际上，在许多激光器内，特别是在 F-P 型激光器内，经常出现多模. 现在，我们来写出多模速率方程.

假定每个模式的 A, Γ 和 σ 均相同，将速率方程组写作：

$$\frac{\mathrm{d}N}{\mathrm{d}t} = \frac{N_{\mathrm{j}} - N}{\tau} - \frac{c}{n}\sum_m g_m S_m \tag{6.7}$$

$$\frac{\mathrm{d}S_m}{\mathrm{d}t} = \frac{c}{n}(\Gamma g_m - A)S_m + \frac{N}{\tau}\sigma \tag{6.8}$$

其中 m 是模式编号.

我们已经在第 3 章内计算了光增益谱 $g(\hbar\omega)$. 现在，为了简化计算，我们取图 6.1 所示的近似，将各模式的光增益写作：

$$g_m = g\left[1 - \left(\frac{m}{M}\right)^2\right] \tag{6.9}$$

令模式间距为 ΔE_{a}，则各模式的能量是：

$$\hbar\omega_m = \hbar\omega_0 + m\Delta E_{\mathrm{a}} \tag{6.10}$$

其中 $m = 0, \pm1, \pm2, \cdots, \pm M$.

$m = 0$ 称为主模，$m = \pm1, \pm2, \cdots$ 均称为边模. M 是由下式决定的最大整数：

$$M = \frac{\Delta F - E_{\mathrm{g}}}{2\Delta E_{\mathrm{a}}} \tag{6.11}$$

利用(3.152)和(6.9)式，将(6.7)和(6.8)式分别改写为：

$$\frac{\mathrm{d}N}{\mathrm{d}t} = \frac{N_{\mathrm{j}} - N}{\tau} - \frac{c}{n} a(N - N')\sum_m \left[1 - \left(\frac{m}{M}\right)^2\right] S_m \tag{6.12}$$

$$\frac{\mathrm{d}S_m}{\mathrm{d}t} = \frac{c}{n}\left\{\Gamma a(N - N')\left[1 - \left(\frac{m}{M}\right)^2\right] - A\right\} S_m + \frac{N}{\tau}\sigma \tag{6.13}$$

(6.12)和(6.13)式是决定 N 和 S_m 的非线性方程组.

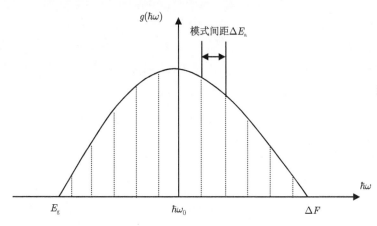

图 6.1　简化的光增益谱

6.1.3　自发发射因子

现在，我们来求出自发发射因子的表达式.

令 $\Delta\lambda_{\mathrm{e}}$ 为振荡模式宽度，则自发发射因子是：

$$\sigma = p_1 p_2 \tag{6.14}$$

其中 p_1 是在 $\Delta\lambda_{\mathrm{e}}$ 内的自发发射占总自发发射的比率，p_2 是在 $\Delta\lambda_{\mathrm{e}}$ 内的自发发射进入振荡模式内的比率.

令自发发射谱为 $r(\lambda_{\mathrm{e}})$，则可以写出：

$$p_1 = r(\lambda_{\mathrm{e}})\Delta\lambda_{\mathrm{e}} \tag{6.15}$$

我们取洛伦兹近似：

$$r(\lambda_{\mathrm{e}}) = \frac{1}{\pi} \frac{\dfrac{\Delta\lambda}{2}}{(\lambda_{\mathrm{e}} - \lambda_0)^2 + \left(\dfrac{\Delta\lambda}{2}\right)^2} \tag{6.16}$$

其中 $\Delta\lambda$ 是自发发射谱宽度.

由于 $|\lambda_e - \lambda_0| \ll \dfrac{\Delta\lambda}{2}$，由(6.15)和(6.16)式求出：

$$p_1 = \frac{2\Delta\lambda_e}{\pi\Delta\lambda} \tag{6.17}$$

根据模式均分原则，在 Δk 内自发发射的光子进入振荡模式内的比率是模式数的倒数，写作：

$$p_2 = \frac{\Gamma}{\rho(k)V\Delta k} \tag{6.18}$$

其中 V 是有源区体积.

利用(1.24)和(4.26)式，将(2.12)式代入(6.18)式中求出：

$$p_2 = \frac{\Gamma\lambda_e^4}{8\pi Vn^3\Delta\lambda_e} \tag{6.19}$$

将(6.17)和(6.19)式代入(6.14)式中，求出自发发射因子：

$$\sigma = \frac{\Gamma\lambda_e^4}{4\pi^2 n^3 V\Delta\lambda} \tag{6.20}$$

该式表明，自发发射因子与有源区体积和自发发射谱宽度均成反比.

6.1.4 微腔效应

当谐振腔的尺度可以与光波的波长相比时，就产生了微腔效应. 微腔的量子电动力学效应，导致了载流子寿命 τ 减小和自发发射谱宽度 $\Delta\lambda$ 减小，二者减小的程度相同. 正是 τ 和 $\Delta\lambda$ 减小，造成了光增益常效 a 增大和自发发射因子 σ 增大.

根据定义，若在振荡模式内只有一个光子，则载流子的受激复合速率等于自发复合速率. 令 $SV = 1$，则有：

$$\frac{c}{n}\Gamma aN = \frac{N}{\tau}\sigma \tag{6.21}$$

由(6.20)和(6.21)式求出光增益常数：

$$a = \frac{\lambda_e^4}{4\pi^2 n^2 c\tau\Delta\lambda} \tag{6.22}$$

该式表明，令 τ 和 $\Delta\lambda$ 减小的因子为 η，则 a 增大的因子为 η^2.

微腔的微小体积，导致了自发发射因子增大，这是一目了然的. (6.21)式表明，V 减小是 σ 增大的一个原因，$\Delta\lambda$ 减小也是 σ 增大的一个原因. 例如，普通激光器的 $\sigma = 10^{-4} \sim 10^{-5}$，而微腔激光器的 σ 可能增大到 0.1 以上，甚至接近于 1.

如下所述，a 和 σ 增大导致了激光器的阈值大幅度地降低和调制频率大幅度地提高.

6.2　稳 态 分 析

速率方程的稳态解表示器件内的载流子密度和光子密度随注入电流的变化. 在多模的情况下，还可以给出模式分布随注入电流的变化. 因此，速率方程的稳态解是半导体激光器的稳态特性的基础. 本节介绍单模分析和多模分析的结果.

6.2.1　单模分析

令 $\mathrm{d}N/\mathrm{d}t = 0$ 和 $\mathrm{d}S/\mathrm{d}t = 0$，由(6.5)和(6.6)式分别得到:

$$\frac{N_j - N}{\tau} - \frac{c}{n} a(N - N')S = 0 \tag{6.23}$$

$$\frac{c}{n}[\Gamma a(N - N') - A]S + \frac{N}{\tau}\sigma = 0 \tag{6.24}$$

由(3.152)和(6.23)式求出:

$$S = \frac{N_j - N}{\zeta(N - N')} \tag{6.25}$$

$$g = \frac{a(N_j - N')}{1 + \zeta S} \tag{6.26}$$

其中

$$\zeta = \frac{c}{n} a\tau \tag{6.27}$$

由(6.24)和(6.27)式求出:

$$S = \frac{\dfrac{N\sigma}{\Gamma}}{\zeta\left[\dfrac{A}{\Gamma a} - (N - N')\right]} \tag{6.28}$$

由(3.152)，(5.32)和(5.35)式得到阈值载流子密度：

$$N_{th} = N' + \frac{A}{\Gamma a} \qquad (6.29)$$

由(6.28)和(6.29)式求出：

$$S = \frac{\dfrac{N\sigma}{\Gamma}}{\zeta(N_{th} - N)} \qquad (6.30)$$

在下面的计算中，对于给定的 J，由(6.2)式求出 N_j，再由方程组(6.25)和(6.30)式求出 N 和 S.

由(6.25)和(6.30)式得到：

$$N^2\left(1 - \frac{\sigma}{\Gamma}\right) - N\left(N_{th} + N_j - N'\frac{\sigma}{\Gamma}\right) + N_{th}N_j = 0 \qquad (6.31)$$

1. 若 $\sigma = 0$，则(6.31)式简化为：

$$N^2 - N(N_{th} + N_j) + N_{th}N_j = 0 \qquad (6.32)$$

(1) 当 $N_j = N_{th}$ 时，(6.32)式简化为：

$$N^2 = 2NN_{th} + N_{th}^2 = 0 \qquad (6.33)$$

由(6.33)式求出 $N = N_{th}$，代入(6.25)式中求出 $S = 0$.

(2) 当 $N_j < N_{th}$ 时，由(6.32)式求出 $N = N_j$，代入(6.25)式中求出 $S=0$.

(3) 当 $N_j > N_{th}$ 时，由(6.32)式求出 $N = N_{th}$，代入(6.25)式中求出：

$$S = \frac{N_j - N_{th}}{\zeta(N_{th} - N')} \qquad (6.34)$$

以上计算结果表明：在阈值以下，载流子密度随注入电流线性增大，而光子密度为0；在阈值以上，光子密度随注入电流线性增大，而载流子密度保持不变，即恒等于 N_{th}.

2. 若 $\sigma \neq 0$，则 N 和 S 在阈值附近均呈连续变化.

(1) 当 $N_j = N_{th}$ 时，(6.31)式简化为：

$$N^2\left(1 - \frac{\sigma}{\Gamma}\right) - N\left(2N_{th} - N'\frac{\sigma}{\Gamma}\right) + N_{th}^2 = 0 \qquad (6.35)$$

由 (6.35) 式求出:

$$N = N_{\text{th}}Q_1 \tag{6.36}$$

其中

$$Q_1 = \frac{1 - \dfrac{\sigma}{\Gamma}\dfrac{N'}{2N_{\text{th}}} - \sqrt{\dfrac{\sigma}{\Gamma}\left(1 - \dfrac{N'}{N_{\text{th}}}\right)}}{1 - \dfrac{\sigma}{\Gamma}} \tag{6.37}$$

将 (6.36) 式代入 (6.25) 式中求出:

$$S = \frac{1 - Q_1}{\zeta\left(Q_1 - \dfrac{N'}{N_{\text{th}}}\right)} \tag{6.38}$$

(2) 当 $N_{\text{j}} < N_{\text{th}}$ 时, 由 (6.31) 式求出:

$$N = N_{\text{j}}Q_2 \tag{6.39}$$

其中

$$Q_2 = \frac{N_{\text{th}} + N_{\text{j}} - \dfrac{\sigma}{\Gamma}N' - \sqrt{(N_{\text{th}} - N_{\text{j}})^2 + \dfrac{\sigma}{\Gamma}[4(N_{\text{th}}N_{\text{j}}) - 2(N_{\text{th}} + N_{\text{j}})N']}}{2\left(1 - \dfrac{\sigma}{\Gamma}\right)N_{\text{j}}} \tag{6.40}$$

若 $N_{\text{j}} \ll N_{\text{th}}$, 则该式简化为 $Q_2 = 1$.

将 (6.39) 式代入 (6.25) 式中求出:

$$S = \frac{1 - Q_2}{\zeta\left(Q_2 - \dfrac{N'}{N_{\text{j}}}\right)} \tag{6.41}$$

(3) 当 $N_{\text{j}} > N_{\text{th}}$ 时, 由 (6.31) 式求出:

$$N = N_{\text{th}}Q_3 \tag{6.42}$$

其中

$$Q_3 = \frac{N_{\text{th}} + N_{\text{j}} - \dfrac{\sigma}{\Gamma}N' - \sqrt{(N_{\text{th}} - N_{\text{j}})^2 + \dfrac{\sigma}{\Gamma}[4N_{\text{th}}N_{\text{j}} - 2(N_{\text{th}} + N_{\text{j}})N']}}{2\left(1 - \dfrac{\sigma}{\Gamma}\right)N_{\text{th}}} \tag{6.43}$$

若 $N_j \gg N_{th}$ ，则该式简化为 $Q_3 = 1$.

将(6.42)式代入(6.25)式中求出：

$$S = \frac{\dfrac{N_j}{N_{th}} - Q_3}{\zeta \left(Q_3 - \dfrac{N'}{N_{th}} \right)} \tag{6.44}$$

图 6.2 表示在 $\sigma = 0$ 和 $\sigma = 10^{-2}$ 的情况下计算的 N 和 S 随 J 变化的曲线. 显然，除在阈值附近外，二者完全一致. 图 6.3 表示在 σ 不同的情况下计算的 N 和 S 随 J 变化的曲线. 显然，随着 σ 增大，阈值附近的 N 逐渐减小，而 S 逐渐增大.

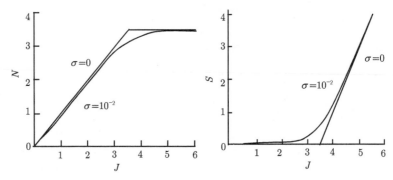

图 6.2   在 $\sigma = 0$ 和 $\sigma = 10^{-2}$ 的情况下计算的 N 和 S 与 J 的关系

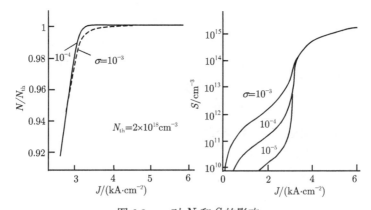

图 6.3 σ 对 N 和 S 的影响

6.2.2   多模分析

令 $\mathrm{d}N/\mathrm{d}t = 0$ 和 $\mathrm{d}S_m/\mathrm{d}t = 0$ ，由(6.13)和(6.14)式分别得到：

$$\frac{N_{\mathrm{j}} - N}{\tau} - \frac{c}{n} a(N - N') \sum_m \left[1 - \left(\frac{m}{M} \right)^2 \right] S_m = 0 \tag{6.45}$$

$$\frac{c}{n} \left\{ \Gamma a(N - N') \left[1 - \left(\frac{m}{M} \right)^2 \right] - A \right\} S_m + \frac{N}{\tau} \sigma = 0 \tag{6.46}$$

利用(6.27)和(6.29)式，由(6.46)式得到：

$$S_m = \frac{\dfrac{N\sigma}{\Gamma}}{\zeta(N_{\mathrm{th}} - N) \left[1 + \dfrac{N - N'}{N_{\mathrm{th}} - N} \left(\dfrac{m}{M} \right)^2 \right]} \tag{6.47}$$

由(6.47)式求出：

$$\sum_m S_m = \frac{\dfrac{N\sigma}{\Gamma}}{\zeta(N_{\mathrm{th}} - N)} Z \tag{6.48}$$

其中

$$Z = \sum_m \frac{1}{1 + \dfrac{N - N'}{N_{\mathrm{th}} - N} \left(\dfrac{m}{M} \right)^2} \tag{6.49}$$

将(6.49)式右边的求和改写为积分后求出：

$$Z = \int_{-M}^{M} \frac{\mathrm{d}m}{1 + \dfrac{N - N'}{N_{\mathrm{th}} - N} \left(\dfrac{m}{M} \right)^2} = 2M \sqrt{\frac{N_{\mathrm{th}} - N}{N - N'}} \arctan \sqrt{\frac{N - N'}{N_{\mathrm{th}} - N}} \tag{6.50}$$

利用(6.27)式，由(6.45)式得到：

$$\sum_m \left[1 - \left(\frac{m}{M} \right)^2 \right] S_m = \frac{N_{\mathrm{j}} - N}{\zeta(N - N')} \tag{6.51}$$

将(6.47)式代入(6.51)式中得到：

$$1 + \frac{\sigma}{\Gamma} \sum_m \frac{1 + \left(\dfrac{m}{M} \right)^2}{\dfrac{N_{\mathrm{th}} - N}{N - N'} + \left(\dfrac{m}{M} \right)^2} = \frac{N_{\mathrm{j}}}{N} \tag{6.52}$$

将(6.52)式左边的求和改写为积分后求出：

$$\sum_m \frac{1-\left(\dfrac{m}{M}\right)^2}{\dfrac{N_{\mathrm{th}}-N}{N-N'}+\left(\dfrac{m}{M}\right)^2} = \int_{-M}^{M} \frac{1-\left(\dfrac{m}{M}\right)^2}{\dfrac{N_{\mathrm{th}}-N}{N-N'}+\left(\dfrac{m}{M}\right)^2}\,\mathrm{d}m \tag{6.53}$$

$$= 2M\left[\left(\sqrt{\frac{N-N'}{N_{\mathrm{th}}-N}}+\sqrt{\frac{N_{\mathrm{th}}-N}{N-N'}}\right)\arctan\sqrt{\frac{N-N'}{N_{\mathrm{th}}-N}}-1\right]$$

代入(6.52)式中求出：

$$1+2M\frac{\sigma}{\Gamma}\left[\left(\sqrt{\frac{N-N'}{N_{\mathrm{th}}-N}}+\sqrt{\frac{N_{\mathrm{th}}-N}{N-N'}}\right)\arctan\sqrt{\frac{N-N'}{N_{\mathrm{th}}-N}}-1\right]=\frac{N_j}{N} \tag{6.54}$$

该式是以 N 为变量的超越方程. 在采用数值计算由(6.54)求出 N 后，由(6.47)式求出 S_m ，由(6.48)和(6.50)式求出 $\sum S_m$.

图 6.4 表示计算的模式谱. 图 6.5 表示计算的各模式的光子密度随电流密度的变化.

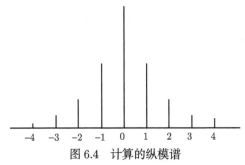

图 6.4　计算的纵模谱

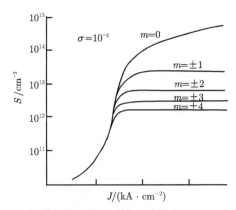

图 6.5　计算的各纵模的光子密度随电流密度的变化

6.3　瞬 态 分 析

速率方程的瞬态解表示器件内的载流子密度和光子密度随时间的变化. 因此, 速率方程的瞬态解是半导体激光器的瞬态特性的基础. 本节介绍单模小信号调制分析的结果, 以及单模和多模弛豫荡分析的结果.

6.3.1　小信号调制

在小信号调制时, 令:

$$N_{\mathrm{j}} = N_{\mathrm{j}0} + \Delta N_{\mathrm{j}} \mathrm{e}^{\mathrm{i}\omega t} \tag{6.55}$$

$$N = N_0 + \Delta N \mathrm{e}^{\mathrm{i}\omega t} \tag{6.56}$$

$$S = S_0 + \Delta S \mathrm{e}^{\mathrm{i}\omega t} \tag{6.57}$$

其中 $\Delta N_{\mathrm{j}} \ll N_{\mathrm{j}0}, \Delta N \ll N_0, \Delta S \ll S_0$, 脚标 0 表示稳态值.

将 (6.55)~(6.57) 式代入 (6.5) 和 (6.6) 式中, 忽略二阶小量, 分别得到:

$$
\begin{aligned}
\frac{\mathrm{d}N_0}{\mathrm{d}t} + \mathrm{i}\omega \Delta N \mathrm{e}^{\mathrm{i}\omega t} &= \frac{N_{\mathrm{j}0} - N_0}{\tau} - \frac{c}{n} a(N_0 - N')S_0 \\
&+ \frac{\Delta N_{\mathrm{j}}}{\tau} \mathrm{e}^{\mathrm{i}\omega t} - \left(\frac{c}{n} a S_0 + \frac{1}{\tau}\right) \Delta N \mathrm{e}^{\mathrm{i}\omega t} - \frac{c}{n} a(N_0 - N') \Delta S \mathrm{e}^{\mathrm{i}\omega t}
\end{aligned}
\tag{6.58}
$$

$$
\begin{aligned}
\frac{\mathrm{d}S_0}{\mathrm{d}t} + \mathrm{i}\omega \Delta S \mathrm{e}^{\mathrm{i}\omega t} &= \frac{c}{n}\big[\Gamma a(N_0 - N') - A\big]S_0 + \frac{N_0}{\tau}\sigma \\
&+ \frac{c}{n}\big[\Gamma a(N_0 - N') - A\big]\Delta S \mathrm{e}^{\mathrm{i}\omega t} + \frac{c}{n}\Gamma a S_0 \Delta N \mathrm{e}^{\mathrm{i}\omega t}
\end{aligned}
\tag{6.59}
$$

利用 (6.23)、(6.24) 和 (6.27) 式, 将 (6.58) 和 (6.59) 式分别简化为:

$$\mathrm{i}\omega \Delta N = \frac{1}{\tau}\Delta N_{\mathrm{j}} - \frac{1 + \zeta S_0}{\tau}\Delta N - \frac{\zeta}{\tau}(N_0 - N')\Delta S \tag{6.60}$$

$$\mathrm{i}\omega \Delta S = -\frac{N_0 \sigma}{S_0 \tau}\Delta S + \frac{\Gamma \zeta S_0}{\tau}\Delta N \tag{6.61}$$

由 (6.60) 式得到:

$$-\omega^2 \Delta N = \mathrm{i}\omega \frac{1}{\tau}\Delta N_j - \mathrm{i}\omega \frac{1 + \zeta S_0}{\tau}\Delta N - \mathrm{i}\omega \frac{\zeta}{\tau}(N_0 - N')\Delta S \tag{6.62}$$

$$\Delta S = \frac{1}{\zeta(N_0 - N')}\Delta N_j - \frac{\mathrm{i}\omega + \dfrac{1 + \zeta S_0}{\tau}}{\dfrac{\zeta}{\tau}(N_0 - N')}\Delta N \qquad (6.63)$$

将(6.63)式代入(6.61)式中求出：

$$\mathrm{i}\omega\Delta S = -\frac{N_0\sigma}{S_0\tau\zeta(N_0 - N')}\Delta N_j + \left[\frac{N_0\sigma\left(\mathrm{i}\omega + \dfrac{1 + \zeta S_0}{\zeta}\right)}{S_0\zeta(N_0 - N')} + \frac{\Gamma\zeta S_0}{\tau}\right]\Delta N \quad (6.64)$$

将(6.64)式代入(6.62)式中求出：

$$\Delta N = \frac{\left(\dfrac{\mathrm{i}\omega}{\tau} + \dfrac{N_0\sigma}{S_0\tau^2}\right)\Delta N_j}{-\omega^2 + \mathrm{i}\omega\left[\dfrac{1 + \zeta S_0}{\tau} + \dfrac{N_0\sigma}{S_0\tau}\right] + \left[\dfrac{\Gamma\zeta^2 S_0}{\tau^2}(N_0 - N') + \dfrac{N_0\sigma(1 + \zeta S_0)}{S_0\tau^2}\right]}(6.65)$$

这是小信号传递方程.

由(6.61)式得到：

$$-\omega^2\Delta S = -\mathrm{i}\omega\frac{N_0\sigma}{S_0\tau}\Delta S + \mathrm{i}\omega\frac{\Gamma\zeta S_0}{\tau}\Delta N \qquad (6.66)$$

$$\Delta N = \frac{\mathrm{i}\omega + \dfrac{N_0\sigma}{S_0\tau}}{\dfrac{\Gamma\zeta S_0}{\tau}}\Delta S \qquad (6.67)$$

将(6.67)式代入(6.60)式中求出：

$$\mathrm{i}\omega\Delta N = \frac{1}{\tau}\Delta N_j - \left[\frac{1 + \zeta S_0}{\Gamma\zeta S_0}\left(\mathrm{i}\omega + \frac{N_0\sigma}{S_0\tau}\right) + \frac{\zeta}{\tau}(N_0 - N')\right]\Delta S \qquad (6.68)$$

将(6.68)式代入(6.66)式中求出：

$$\Delta S = \frac{\dfrac{\Gamma\zeta S_0}{\tau^2}\Delta N_j}{-\omega^2 + \mathrm{i}\omega\left[\dfrac{1 + \zeta S_0}{\tau} + \dfrac{N_0\sigma}{S_0\tau}\right] + \left[\dfrac{\Gamma\zeta^2 S_0}{\tau^2}(N_0 - N') + \dfrac{N_0\sigma(1 + \zeta S_0)}{S_0\tau^2}\right]} \qquad (6.69)$$

这是小信号转换方程.

将传递方程和转换方程分别改写为:

$$\Delta N = \frac{\dfrac{i\omega}{\tau} + \dfrac{N_0\sigma}{S_0\tau^2}}{(\omega_0^2 - \omega^2) + i\omega\gamma_0} \Delta N_j \tag{6.70}$$

$$\Delta S = \frac{\dfrac{\Gamma\zeta S_0}{\tau^2}}{(\omega_0^2 + \omega^2) + i\omega\gamma_0} \Delta N_j \tag{6.71}$$

其中

$$\gamma_0 = \frac{1 + \zeta S_0}{\tau} + \frac{N_0\sigma}{S_0\tau} \tag{6.72}$$

$$\omega_0^2 = \frac{\Gamma\zeta^2 S_0(N_0 - N')}{\tau^2} + \frac{N_0\sigma(1 + \zeta S_0)}{S_0\tau^2} \tag{6.73}$$

γ_0 和 ω_0 分别是阻尼系数和类共振频率.

当 $\sigma = 0$ 时,(6.72)和(6.73)式分别简化为:

$$\gamma_0 = \frac{1 + \zeta S_0}{\tau} \tag{6.74}$$

$$\omega_0^2 = \frac{\Gamma\zeta^2 S_0(N_0 - N')}{\tau^2} \tag{6.75}$$

在网络分析中,将(6.70)和(6.71)式分别改写为:

$$\Delta N = \widetilde{G_N}\Delta N_j \tag{6.76}$$

$$\Delta S = \widetilde{G_S}\Delta N_j \tag{6.77}$$

其中

$$\widetilde{G_N} = G_N e^{i\phi_N} \tag{6.78}$$

$$\widetilde{G_S} = G_S e^{i\phi_S} \tag{6.79}$$

$$G_N = \frac{\sqrt{\left(\dfrac{N_0\sigma}{S_0\tau^2}\right)^2 + \left(\dfrac{\omega}{\tau}\right)^2}}{\sqrt{(\omega_0^2 - \omega^2)^2 + (\omega\gamma_0)^2}} \tag{6.80}$$

$$G_S = \frac{\dfrac{\Gamma \zeta S_0}{\tau^2}}{\sqrt{(\omega_0^2 - \omega^2)^2 + (\omega \gamma_0)^2}} \tag{6.81}$$

$$\phi_N = \varphi - \theta \tag{6.82}$$

$$\phi_S = -\theta \tag{6.83}$$

$$\varphi = \arctan\left|\frac{\omega}{\dfrac{N_0 \sigma}{S_0 \tau}}\right| \tag{6.84}$$

$$\theta = \arctan\left(\frac{\omega \gamma_0}{\omega_0^2 - \omega^2}\right) \tag{6.85}$$

$\widetilde{G_N}$ 和 $\widetilde{G_S}$ 分别是传递函数和转换函数. (6.82)和(6.83)式表明，光子密度相对于载流子密度的相位滞后为 φ. 由于 $\omega \gg \dfrac{N_0 \sigma}{S_0 \tau}, \varphi \approx \dfrac{\pi}{2}$.

图 6.6 表示传递函数的振幅–频率特性和相位–频率特性. 图 6.7 表示转换函数的振幅–频率特性和相位–频率特性.

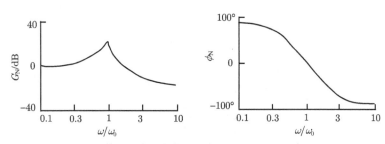

图 6.6　传递函数的振幅–频率特性和相位–频率特性

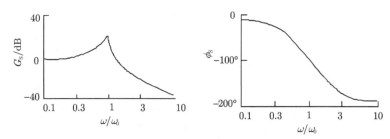

图 6.7　转换函数的振幅–频率特性和相位–频率特性

6.3.2 弛豫振荡

若 N_{j} 为理想的阶跃函数, 则 N 和 S 均有弛豫振荡.

(1) 对弛豫振荡进行小信号分析, 可以求出衰减系数和振荡频率的近似解.

令:

$$N = N_0 + \Delta N \tag{6.86}$$

$$S = S_0 + \Delta S \tag{6.87}$$

将(6.86)和(6.87)式代入(6.5)和(6.6)式中, 忽略二阶小量, 分别得到:

$$
\begin{aligned}
\frac{\mathrm{d}N_0}{\mathrm{d}t} + \frac{\mathrm{d}}{\mathrm{d}t}\Delta N &= \frac{N_{\mathrm{j}} - N_0}{\tau} - \frac{c}{n}a(N_0 - N')S_0 \\
&\quad - \left(\frac{c}{n}aS_0 + \frac{1}{\tau}\right)\Delta N - \frac{c}{n}a(N_0 - N')\Delta S
\end{aligned}
\tag{6.88}
$$

$$
\begin{aligned}
\frac{\mathrm{d}S_0}{\mathrm{d}t} + \frac{\mathrm{d}}{\mathrm{d}t}\Delta S &= \frac{c}{n}\big[\Gamma a(N_0 - N') - A\big]S_0 + \frac{N_0}{\tau}\sigma \\
&\quad + \frac{c}{n}\big[\Gamma a(N_0 - N') - A\big]\Delta S + \frac{c}{n}\Gamma a S_0 \Delta N
\end{aligned}
\tag{6.89}
$$

利用(6.23)、(6.24)和(6.27)式, 将(6.88)和(6.89)式分别简化为:

$$\frac{\mathrm{d}}{\mathrm{d}t}\Delta N = -\frac{1 + \zeta S_0}{\tau}\Delta N - \frac{\zeta}{\tau}(N_0 - N')\Delta S \tag{6.90}$$

$$\frac{\mathrm{d}}{\mathrm{d}t}\Delta S = -\frac{N_0 \sigma}{S_0 \tau}\Delta S + \frac{\Gamma \zeta S_0}{\tau}\Delta N \tag{6.91}$$

由(6.90)式得到:

$$\frac{\mathrm{d}^2}{\mathrm{d}t^2}\Delta N = -\frac{1 + \zeta S_0}{\tau}\frac{\mathrm{d}}{\mathrm{d}t}\Delta N - \frac{\zeta}{\tau}(N_0 - N')\frac{d}{dt}\Delta S \tag{6.92}$$

$$\Delta S = -\frac{\dfrac{\mathrm{d}}{\mathrm{d}t}\Delta N + \dfrac{1 + \zeta S_0}{\tau}\Delta N}{\dfrac{\zeta}{\tau}(N_0 - N')} \tag{6.93}$$

将(6.93)式代入(6.91)式中求出:

$$\frac{\mathrm{d}}{\mathrm{d}t}\Delta S = \frac{N_0 \sigma}{\zeta S_0(N_0 - N')}\left(\frac{\mathrm{d}}{\mathrm{d}t}\Delta N + \frac{1 + \zeta S_0}{\tau}\Delta N\right) + \frac{\Gamma \zeta S_0}{\tau}\Delta N \tag{6.94}$$

将(6.94)式代入(6.99)式中求出：

$$\frac{\mathrm{d}^2}{\mathrm{d}t^2}\Delta N + \left[\frac{1+\zeta S_0}{\tau} + \frac{N_0\sigma}{S_0\tau}\right]\frac{\mathrm{d}}{\mathrm{d}t}\Delta N + \left[\frac{N_0\sigma(1+\zeta S_0)}{S_0\tau^2} + \frac{\Gamma\zeta^2 S_0(N_0-N')}{\tau^2}\right]\Delta N = 0$$

$$(6.95)$$

这是载流子密度涨落的方程.

由(6.91)式得到：

$$\frac{\mathrm{d}^2}{\mathrm{d}t^2}\Delta S = -\frac{N_0\sigma}{S_0\tau}\frac{\mathrm{d}}{\mathrm{d}t}\Delta S + \frac{\Gamma\zeta S_0}{\tau}\frac{\mathrm{d}}{\mathrm{d}t}\Delta N \qquad (6.96)$$

$$\Delta N = \frac{\dfrac{\mathrm{d}}{\mathrm{d}t}\Delta S + \dfrac{N_0\sigma}{S_0\tau}\Delta S}{\dfrac{\Gamma\zeta S_0}{\tau}} \qquad (6.97)$$

将(6.97)式代入(6.90)式中求出：

$$\frac{\mathrm{d}}{\mathrm{d}t}\Delta N = -\frac{1+\zeta S_0}{\Gamma\zeta S_0}\left(\frac{\mathrm{d}}{\mathrm{d}t}\Delta S + \frac{N_0\sigma}{S_0\tau}\Delta S\right) - \frac{\zeta}{\tau}(N_0-N')\Delta S \qquad (6.98)$$

将(6.98)式代入(6.96)式中求出：

$$\frac{\mathrm{d}^2}{\mathrm{d}t^2}\Delta S + \left[\frac{1+\zeta S_0}{\tau} + \frac{N_0\sigma}{S_0\tau}\right]\frac{\mathrm{d}}{\mathrm{d}t}\Delta S + \left[\frac{N_0\sigma(1+\zeta S_0)}{S_0\tau^2} + \frac{\Gamma\zeta^2 S_0(N_0-N')}{\tau^2}\right]\Delta S = 0$$

$$(6.99)$$

这是光子密度涨落的方程.

(6.95)和(6.99)式在形式上完全相同，记作：

$$\frac{\mathrm{d}^2}{\mathrm{d}t^2}\begin{bmatrix}\Delta N\\\Delta S\end{bmatrix} + \gamma_0\frac{\mathrm{d}}{\mathrm{d}t}\begin{bmatrix}\Delta N\\\Delta S\end{bmatrix} + \omega_0^2\begin{bmatrix}\Delta N\\\Delta S\end{bmatrix} = 0 \qquad (6.100)$$

其中 γ_0 和 ω_0^2 分别由(6.72)和(6.73)式给出.

(6.100)式的解是：

$$\Delta N(t) = \mathrm{i}\Delta N(o)\mathrm{e}^{(\mathrm{i}\omega_n-\gamma_n)t} \qquad (6.101)$$

$$\Delta S(t) = \Delta S(o)\mathrm{e}^{(\mathrm{i}\omega_n-\gamma_n)t} \qquad (6.102)$$

其中

$$\gamma_n = \frac{1}{2}\gamma_0 \tag{6.103}$$

$$\omega_n^2 = \omega_0^2 - \left(\frac{\gamma_0}{2}\right)^2 \tag{6.104}$$

γ_n 和 ω_n 分别是衰减系数和振荡频率. (6.103)式表示衰减系数与阻尼系数的关系，(6.104)式表示振荡频率与类共振频率的关系. 图 6.8 表示单模半导体激光器在加上阶跃电流后载流子密度和光子密度随时间的变化.

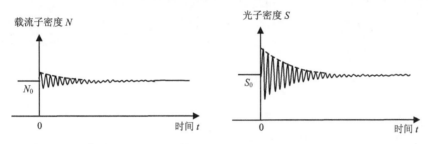

图 6.8　单纵模半导体激光器在加上小信号阶跃电流后载流子密度和光子密度随时间的变化

　　(2) 上面进行了单模小信号分析. 然而, 对于许多实际应用, 必须进行多模大信号分析, 求出(6.12)和(6.13)式的数值解. 图 6.9 表示计算结果的一个例子. 它的特点是, 不仅主模具有很强的弛豫振荡, 而且边模也有很强的弛豫振荡. 也就是说, 稳态单模的激光器可能是瞬态多模的激光器, 这对高速调制的应用是有害的.

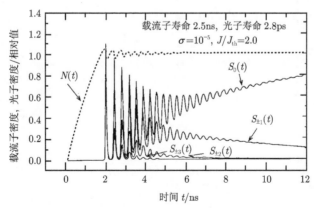

图 6.9　半导体激光器在加上大信号阶跃电流后载流子密度和多纵模的
光子密度随时间的变化

6.4 激光谱线宽度

虽然理想的激光谱线宽度为 0，但是实际的激光谱线宽度总不为 0. 多种激光器的谱线展宽是由光子的等效寿命造成的，这是肖洛–汤斯(Schawlow-Townes)展宽. 然而，半导体激光器的谱线展宽是由载流子寿命和自发发射噪声(包括相位噪声和强度噪声)造成的，后者与载流子密度涨落有关. 本节只讨论稳态激光谱线宽度.

6.4.1 肖洛–汤斯展宽

肖洛–汤斯展宽 $\Delta\omega_s$ 与光子的有效寿命 τ_{eff} 的关系是：

$$\Delta\omega_s = \frac{1}{\tau_{\mathrm{eff}}} \tag{6.105}$$

光子的有效寿命定义为：

$$\frac{1}{\tau_{\mathrm{eff}}} = \frac{c}{n}(A - G) \tag{6.106}$$

在稳态情况下，由(6.4)，(6.105)和(6.106)式求出：

$$\Delta\omega_s = \frac{N\sigma}{\tau S} \tag{6.107}$$

6.4.2 自然展宽

由载流子寿命造成的谱线展宽，称为自然展宽. 去掉(6.1)式右边的第一项和第二项，得到决定载流子密度自然衰减的方程：

$$\frac{\mathrm{d}N}{\mathrm{d}t} = -\frac{N}{\tau} \tag{6.108}$$

由(6.108)式求出：

$$N(t) = N(0)\mathrm{e}^{-t/\tau} \tag{6.109}$$

经典理论将电子–空穴对视为振子，它在振荡过程中发射光波. 因此，光强度与载流子密度成正比. 根据(6.109)式写出：

$$I(t) = I(0)\mathrm{e}^{-t/\tau} \tag{6.110}$$

此外，可以写出：

$$I(t) \propto e^*(t)e(t) \tag{6.111}$$

其中

$$e(t) \propto e^{-t/\tau}e^{i\omega_0 t} \tag{6.112}$$

光强度分布取其波函数的自相关傅里叶变换的实部，写作：

$$I(\omega) \propto \mathrm{Re}\left[\int_0^\infty e^*(0)e(t)e^{-i\omega t}\mathrm{d}t\right] \tag{6.113}$$

将(6.112)式代入(6.113)式中求出：

$$I(\omega) \propto \frac{\dfrac{1}{2\tau}}{(\omega_0 - \omega)^2 + \left(\dfrac{1}{2\tau}\right)^2} \tag{6.114}$$

利用(1.66)式，由(1.61)和(6.114)式得到自然展宽：

$$(\Delta\omega)_1 = \frac{1}{\tau} \tag{6.115}$$

6.4.3　相位涨落和强度涨落

载流子密度涨落造成了复电极化率涨落. 这时，根据(1.112)式写出：

$$\begin{aligned}
&n^2(\Omega^2 - \omega^2)\tilde{A}(t) + i\omega^2(\chi' + \chi'_{\mathrm{F}})\tilde{A}(t) \\
&-\omega^2\Delta\tilde{\chi}\tilde{A}(t) + i2\omega n^2\frac{\mathrm{d}}{\mathrm{d}t}\tilde{A}(t) = 0
\end{aligned} \tag{6.116}$$

其中　$\Delta\tilde{\chi}$ 是复电极化率涨落，写作：

$$\Delta\tilde{\chi} = \Delta\chi - i\Delta\chi' = -i\Delta\chi'(1 + i\delta) \tag{6.117}$$

$$\delta = \frac{\Delta\chi}{\Delta\chi'} \tag{6.118}$$

利用下式：

$$\Delta\chi = 2n\Delta n \tag{6.119}$$

$$\Delta\chi' = 2n\Delta n' \tag{6.120}$$

将(6.118)式改写为：

$$\delta = \frac{\Delta n}{\Delta n'} \tag{6.121}$$

注意，这里的 Δn 和 $\Delta n'$ 是由载流子密度涨落造成的.

将(6.117)式代入(6.116)式中得到：

$$n^2(\Omega^2 - \omega^2)\tilde{A}(t) + i\omega^2(\chi' + \chi_F')\tilde{A}(t)$$
$$+ i\omega^2\Delta\chi'\tilde{A}(t) - \omega^2\delta\Delta\chi'\tilde{A}(t) + i2\omega n^2 \frac{\mathrm{d}}{\mathrm{d}t}\tilde{A}(t) = 0 \tag{6.122}$$

将(1.113)式代入(6.122)式中，得到两个微分方程：

$$2n^2 \frac{\mathrm{d}}{\mathrm{d}t}a(t) + \omega(\chi' + \chi_F')a(t) + \omega\Delta\chi'a(t) = 0 \tag{6.123}$$

$$2n^2\omega \frac{\mathrm{d}}{\mathrm{d}t}\phi(t) - n^2(\Omega^2 - \omega^2) + \omega^2\delta\Delta\chi' = 0 \tag{6.124}$$

由于光强度 $I(t)$ 与振幅 $a(t)$ 的平方成正比，利用(1.91)，(1.119)和(1.120)式，以及(1.117)和(1.118)式，由(6.123)式求出强度速率方程：

$$\frac{\mathrm{d}}{\mathrm{d}t}I(t) = \frac{c}{n}(g - \alpha_F)I(t) + \frac{c}{n}\Delta g I(t) \tag{6.125}$$

其中

$$\Delta g = -\frac{\omega}{cn}\Delta\chi' \tag{6.126}$$

Δg 是光增益涨落.

由于 $\omega \approx \Omega$，利用(6.126)式，由(6.124)式求出相位速率方程：

$$\frac{\mathrm{d}}{\mathrm{d}t}\phi(t) = (\Omega - \omega) + \frac{\delta}{2}\frac{c}{n}\Delta g \tag{6.127}$$

显然，(6.125)和(6.127)式右边的最后一项，均为载流子密度涨落的贡献. 在稳态情况下，$g = \alpha_F, \omega = \Omega$，(6.125)和(6.127)式分别简化为：

$$\frac{\mathrm{d}}{\mathrm{d}t}I = \frac{c}{n}\Delta g I \tag{6.128}$$

$$\frac{\mathrm{d}}{\mathrm{d}t}\phi = \frac{\delta}{2}\frac{c}{n}\Delta g \tag{6.129}$$

由(6.128)和(6.129)式求出：

$$\frac{\mathrm{d}\phi}{\mathrm{d}I} = \frac{\delta}{2I} \tag{6.130}$$

该式表示相位变化与强度变化的关系.

6.4.4　噪声展宽

由自发发射噪声造成的谱线展宽, 称为噪声展宽. 振荡模式的相位噪声和强度噪声是由自发发射的相位噪声和强度噪声决定的, 而其根源是载流子密度涨落.

利用图 6.10 所示的简单模型, 可以说明自发发射如何产生相位噪声和强度噪声.

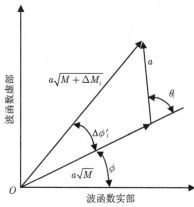

图 6.10　振荡模式的幅度和相位在自发发射过程中的变化

对于第 i 个自发发射的光子, 根据 (1.111) 和 (1.113) 式, 写出其波函数:

$$e_i(t) = a e^{i(\omega_0 t + \theta_i)} \tag{6.131}$$

在这个光子进入振荡模式前后, 振荡模式的波函数分别是:

$$e(t) = a\sqrt{M} e^{i[\omega_0 t + \phi(t)]} \tag{6.132}$$

$$e'(t) = a\sqrt{M + \Delta M_i} e^{i[\omega_0 t + \phi(t) + \Delta\phi_i']} \tag{6.133}$$

其中 M 和 ΔM 分别是振荡模式内的光子数和它的增量.

根据图 6.10, 以及 (6.131)-(6.133) 式, 写出由第 i 个自发发射的光子引起的振荡模式的相位变化和强度变化:

$$\Delta\phi_i' = a\sin\theta_i / a\sqrt{M} \tag{6.134}$$

$$a^2 \Delta M_i = 2a^2 \sqrt{M} \cos\theta_i \tag{6.135}$$

(6.134) 和 (6.135) 式分别简化为:

$$\Delta\phi_i{}' = \sin\theta_i / \sqrt{M} \tag{6.136}$$

$$\Delta M_i = 2\sqrt{M}\cos\theta_i \tag{6.137}$$

根据(6.130)式写出：

$$\frac{\mathrm{d}\phi}{\mathrm{d}M} = \frac{\delta}{2M} \tag{6.138}$$

由该式求出强度变化导致的相位变化：

$$\Delta\phi_i{}'' = \frac{\delta}{2M}\Delta M_i \tag{6.139}$$

由(6.136)、(6.137)和(6.139)式求出：

$$\Delta\phi_i = \Delta\phi_i{}' + \Delta\phi_i{}'' = (\sin\theta_i + \delta\cos\theta_i) / \sqrt{M} \tag{6.140}$$

在时间 t 内，进入振荡模式内的自发发射的光子数为：

$$m = \frac{N\sigma}{\tau}tV \tag{6.141}$$

因此，总相位变化是：

$$\Delta\phi = \sum_{i=1}^{m}\Delta\phi_i \tag{6.142}$$

由(6.140)~(6.142)式求出的均方值是：

$$\left\langle\Delta\phi^2\right\rangle = \frac{1}{2}(1+\delta^2)\left(\frac{N\sigma}{\tau S}\right)t \tag{6.143}$$

其中

$$S = \frac{M}{V} \tag{6.144}$$

由(6.113)和(6.132)式得到：

$$I(\omega) \propto \mathrm{Re}\left[\int_0^\infty \left\langle \mathrm{e}^{\mathrm{i}\Delta\phi}\right\rangle \mathrm{e}^{\mathrm{i}(\omega_0-\omega)t}\mathrm{d}t\right] \tag{6.145}$$

其中

$$\Delta\phi = \phi(t) - \phi(0) \tag{6.146}$$

由于自发发射的统计分布是高斯分布，可以写出：

$$\left\langle \mathrm{e}^{\mathrm{i}\Delta\phi}\right\rangle = \mathrm{e}^{-\frac{1}{2}\left\langle\Delta\phi^2\right\rangle} \tag{6.147}$$

将(6.147)式代入(6.145)式中求出：

$$I(\omega) \propto \text{Re}\left[\int_0^{\infty} e^{-\frac{1}{2}\langle\Delta\phi^2\rangle} e^{i(\omega_0-\omega)t} dt\right] \tag{6.148}$$

将(6.143)式代入(6.148)式中求出：

$$I(\omega) \propto \frac{\frac{1}{4}(1+\delta^2)\dfrac{N\sigma}{\tau S}}{(\omega_0-\omega)^2 + \left[\frac{1}{4}(1+\delta^2)\dfrac{N\sigma}{\tau S}\right]^2} \tag{6.149}$$

利用(1.66)式，由(1.61)和(6.149)式得到噪声展宽：

$$(\Delta\omega)_2 = \frac{1}{2}(1+\delta^2)\frac{N\sigma}{\tau S} \tag{6.150}$$

最后，由(6.115)和(6.150)式求出激光谱线宽度：

$$\Delta\omega_e = (\Delta\omega)_1 + (\Delta\omega)_2 = \frac{1}{\tau}\left[1 + \frac{1}{2}(1+\delta^2)\frac{N\sigma}{S}\right] \tag{6.151}$$

该式表明，激光谱线宽度 $\Delta\omega_e$ 与光子密度 S 成反比. 当 $S \to \infty$ 时，$\Delta\omega_e \to \dfrac{1}{\tau}$，这是最小宽度.

注意，(6.107)和(6.151)式表明，半导体激光器总有 $\Delta\omega_S < \Delta\omega_e$，这就是其激光谱线宽度不考虑 $\Delta\omega_S$ 的原因.

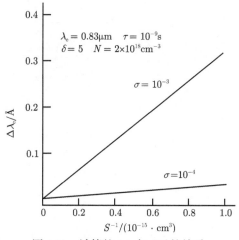

图 6.11　计算的 $\Delta\lambda_e$ 与 S^{-1} 的关系

由(4.26)式求出：

$$\Delta\lambda_e = \frac{\lambda_e^2}{2\pi c}\Delta\omega_e \tag{6.152}$$

利用该式，将 $\Delta\omega_e$ 变换为 $\Delta\lambda_e$。图 6.11 表示计算的 $\Delta\lambda_e$ 与 S^{-1} 的关系。

参 考 文 献

[1] 杨伯军. 量子光学基础, 第 2 章, 北京：北京邮电大学出版社, 1996.

[2] Lau K Y, Yariv A. Semiconductors and Semimetals, Vol. 22, Part B, Chap. 2. New York: Academic Press, 1985.

[3] Kressel H, Butler J K. Semiconductor Lasers and Heterojunction LEDs, Chap. 17. New York: Academic Press, 1977.

[4] Thompson G H B. Physics of Semiconductor Laser Devices, Chap. 7. New York: John Wiley & Sons, 1980.

[5] Agrawal G P, Dutta N K. Long-wavelength Semiconductor Lasers, Chap. 6. New York: Van Nostrand Reinhold, 1986.

[6] Shan Y Z, Du B X. IEEE J. Quantum Electron, 1982, 18: 601.

[7] Marcuse D, Lee T P. IEEE J. Quantum Electron, 1983, 19: 1397.

[8] Henry C H. IEEE J. Quantum Electron, 1982, 18: 259.

[9] 栖原敏明. 半导体激光器基础, 第 6 章. 周南生, 译. 北京：科学出版社, 共立出版, 2002.

[10] Suematsu Y, Adams A R. Handbook of Semiconductor Lasers and Photonic Integrated Circuits, Chap. 7, 8. London: Chapman & Hall, 1994.

第7章 半导体激光器

7.1 双异质结构激光器

简写为 DH 激光器，其核心是 DH 半导体芯片，它是在衬底上外延生长的，倒焊在热沉上，封装在管壳内. DH 是对称的三层结构，具有载流子限制和光波导性能. 它本身是光放大器，在加上光反馈(集中反馈或分布反馈)后构成了光振荡器，这就是 F-P 激光器或 DFB 激光器. 高功率激光器是宽面器件，相干性差；高速率激光器是条形器件，相干性好. 我们这里只讨论高功率激光器.

典型的 DH 半导体芯片如图 7.1 所示. 有源层的厚度、宽度和长度分别是 $d = 0.2\mu m$、$W = 100\mu m$ 和 $L = 300 \sim 1000\mu m$. 本节介绍器件的特性参数，这些参数具有代表性.

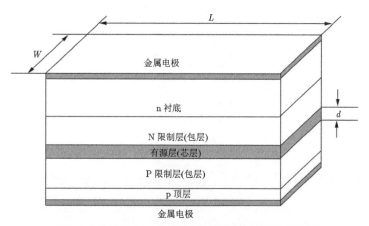

图 7.1 典型的 DH 半导体激光器芯片结构的示意图

7.1.1 电学特性

1. 阈值电流密度

阈值电流密度是半导体激光器的标志性参数，降低阈值电流密度是我们追求的目标.

令 $dN/dt = 0$，根据(6.1)式写出：

$$\frac{c}{n} g_{th} S = \frac{J - J_{th}}{qd} \tag{7.1}$$

其中

$$J_{\text{th}} = qd \frac{N_{\text{th}}}{\tau} \tag{7.2}$$

J_{th} 是阈值电流密度.

将(6.29)式代入(7.2)式中求出:

$$J_{\text{th}} = \frac{qd}{\tau}\left(N' + \frac{A}{\Gamma a}\right) \tag{7.3}$$

此外, 对于本征半导体, 根据(3.69)式写出:

$$J_{\text{th}} = qd \frac{B^*}{\eta_i} N_{\text{th}}^2 \tag{7.4}$$

将(6.29)式代入(7.4)式中求出:

$$J_{\text{th}} = qd \frac{B^*}{\eta_i}\left(N' + \frac{A}{\Gamma a}\right)^2 \tag{7.5}$$

注意, 阈值电流密度 J_{th} 是随温度 T 变化的, 我们有如下经验公式:

$$J_{\text{th}}(T) = J_{\text{th}}(300\text{K})\mathrm{e}^{\frac{\Delta T}{T_0}} \tag{7.6}$$

其中

$$\Delta T = T - 300\text{K} \tag{7.7}$$

T_0 是阈值特征温度.

2. 伏–安特性

伏–安特性表示器件的正向电压与注入电流的关系. 图 7.2 表示半导体激光器的等效电路.

正向电压是:

$$V_f = IR_S + V \tag{7.8}$$

其中

$$I = JWL \tag{7.9}$$

I 是注入电流, R_S 是串联电阻, V 是双异质结构电压.

根据(3.91)式写出:

$$V = \frac{nkT}{q}\left[\ln\left(1 + \frac{I}{I_0}\right) + \ln M(I)\right] \tag{7.10}$$

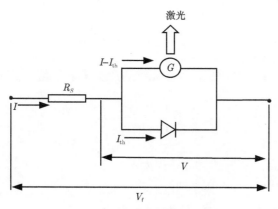

图 7.2　半导体激光器的等效电路

其中

$$I_0 = J_0 WL \tag{7.11}$$

I_0 是反向饱和电流.

在阈值以上，$V = V_{\text{th}}$，写作：

$$V_{\text{th}} = \frac{nkT}{q}\left[\ln\left(1 + \frac{I_{\text{th}}}{I_0}\right) + \ln M(I_{\text{th}})\right] \tag{7.12}$$

其中

$$I_{\text{th}} = J_{\text{th}} WL \tag{7.13}$$

V_{th} 是阈值电压，I_{th} 是阈值电流.

图 7.3 是半导体激光器的伏–安特性曲线.

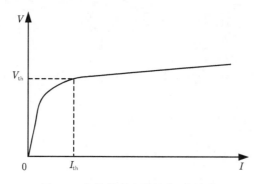

图 7.3　半导体激光器的伏–安特性

7.1.2　转换特性

1. 输出光功率

在激光器内产生的光功率，等于光子的产生速率和光子能量的乘积，写作：

$$P = \frac{c}{n} g_{\text{th}} \left(1 - \frac{S}{S_0}\right) S(dWL)\hbar\omega_{\text{e}} \tag{7.14}$$

其中 ω_{e} 是发射频率，S_0 是饱和光子密度.

注意，在阈值以上，应该采用(2.160)式表示的非线性光增益系数.

利用(7.9)和(7.13)式，由(7.1)和(7.14)式求出：

$$P = \eta_{\text{q}}(I - I_{\text{th}})\frac{\hbar\omega_{\text{e}}}{q} \tag{7.15}$$

其中

$$\eta_{\text{q}} = 1 - \frac{S}{S_0} \tag{7.16}$$

η_{q} 是激光量子效率.

输出光功率是：

$$P_0 = \eta_0 P \tag{7.17}$$

其中

$$\eta_0 = \frac{A_m}{G_{\text{th}}} \tag{7.18}$$

η_0 是出射效率，定义为激光器出射的光子数与产生的光子数之比.

将(5.32)式代入(7.18)式中求出：

$$\eta_0 = \frac{A_m}{A_i + A_m} \tag{7.19}$$

对于 F-P 激光器，将(5.30)式代入(7.19)式中求出：

$$\eta_0 = \frac{\dfrac{1}{L}\ln\dfrac{1}{\sqrt{R_1 R_2}}}{A_i + \dfrac{1}{L}\ln\dfrac{1}{\sqrt{R_1 R_2}}} \tag{7.20}$$

在实际器件中，通常在其后端面上镀全反射膜. 令 $R_1 = 1$ 和 $R_2 = R$，将(7.20)

式改写为:

$$\eta_0 = \frac{\frac{1}{L}\ln\frac{1}{\sqrt{R}}}{A_i + \frac{1}{L}\ln\frac{1}{\sqrt{R}}} \qquad (7.21)$$

将(7.15)式代入(7.17)式中求出:

$$P_0 = \eta_d(I - I_{th})\frac{\hbar\omega_e}{q} \qquad (7.22)$$

其中

$$\eta_d = \eta_q\eta_0 \qquad (7.23)$$

η_d 是微分量子效率.

图 7.4 表示输出光功率 P_0 与注入电流 I 的关系.

在实际应用中, 通常将(7.22)式改写为:

$$P_0 = K(I - I_{th}) \qquad (7.24)$$

其中

$$K = \eta_d\frac{\hbar\omega_e}{q} \qquad (7.25)$$

在习惯上, 将 K 称为斜率效率.

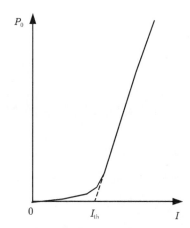

图 7.4　输出光功率 P_0 与注入电流 I 的关系

2. 转换效率

电–光转换效率是输出光功率与输入电功率之比, 写作:

$$\eta_c = \frac{P_0}{P_i} \tag{7.26}$$

输入电功率是:

$$P_i = IV_f \tag{7.27}$$

在阈值以上, $V = V_{th}$, 将(7.8)式代入(7.27)式中求出:

$$P_i = I^2 R_S + IV_{th} \tag{7.28}$$

我们取近似:

$$V_{th} \approx n \frac{\hbar\omega_e}{q} \tag{7.29}$$

利用(7.25)和(7.29)式, 将(7.24)和(7.28)式代入(7.26)式中求出:

$$\eta_c = \eta_d \frac{(I - I_{th})\hbar\omega_e / q}{I^2 R_S + In\hbar\omega_e / q} \tag{7.30}$$

图 7.5 表示转换效率 η_c 与注入电流 I 的关系. 令 $\mathrm{d}\eta_c / \mathrm{d}I = 0$, 由(7.30)式求出最高转换效率对应的工作电流:

$$I_c = (1 + \sqrt{1 + Q})I_{th} \tag{7.31}$$

其中

$$Q = \frac{n\hbar\omega_e / q}{R_S I_{th}} \tag{7.32}$$

从节能的角度看来, I_c 是最佳工作电流.

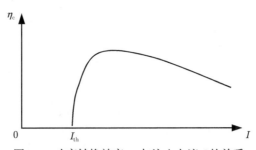

图 7.5　功率转换效率 η_c 与注入电流 I 的关系

由(7.22)和(7.31)式求出最佳输出功率:

$$P_c = \eta_d \sqrt{1 + Q} I_{th} \hbar\omega_e / q \tag{7.33}$$

注意, 最佳输出功率不是最高输出功率.

7.1.3　光学特性

1. 发射波长

半导体激光器的发射波长 λ_e 接近于有源区材料的带隙波长 λ_g. 根据(2.2)和 (4.26)式, 写出带隙波长:

$$\lambda_g = \frac{2\pi\hbar c}{E_g} \tag{7.34}$$

有源区必须是直接带隙半导体, 还必须与衬底晶格匹配. 图 7.6 表示典型激光 材料的带隙能量和带隙波长, 覆盖了可见光和近红外两个波段.

GaAs 是通用的激光材料, $\lambda_g = 0.87\mu m$; $Al_xGa_{1-x}As$ 的带隙波长向短波延伸, $In_xGa_{1-x}As$ 的带隙波长向长波延伸. GaN 是最新的激光材料, $\lambda_g = 0.36\mu m$; $Al_xGa_{1-x}N$ 的带隙波长向短波延伸, $In_xGa_{1-x}N$ 的带隙波长向长波延伸. $In_{1-x}Ga_xAs_yP_{1-y}$ 提供光纤通信的发射波长 $1.3\mu m$ 和 $1.55\mu m$. $In_{1-x}Ga_xAs_ySb_{1-y}$ 提供 更长的发射波长 $2\sim4\mu m$.

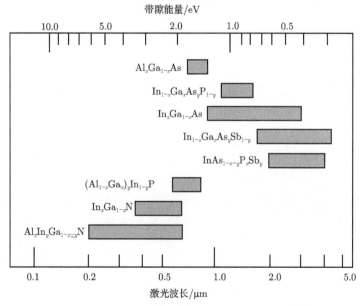

图 7.6　典型的半导体激光材料的带隙能量与带隙波长

2. 出射光发散角

(1) 垂直发散角

半导体激光器的远场图形 $I(\theta)$ 是由其光波导的横向波函数 $u(x)$ 决定的, 见

(4.155)和(4.159)式. 在实际应用中, 出射光发散角 Θ 是在 $u(x)$ 为高斯函数的条件下定义的, 写作:

$$\Theta = 2\arctan\frac{\lambda_e}{\pi w_0} \tag{7.35}$$

注意, 图 4.12 表明, 对于阶跃折射率波导, 其 0 阶模式的远场图形类似于高斯图形. 因此, 发散角也由(7.35)式来表示, 只要给出恰当的 w_0 值即可.

采用二阶矩近似:

$$w_0^2 = 4\frac{\displaystyle\int_{-\infty}^{\infty} x^2 u^2(x)\mathrm{d}x}{\displaystyle\int_{-\infty}^{\infty} u^2(x)\mathrm{d}x} \tag{7.36}$$

将(4.5)式代入(7.36)式中, 求出近似值:

$$w_0 = \sqrt{2}\left(\frac{1}{\gamma} + d\sqrt{\frac{1}{6} + \frac{1}{\pi^2}}\right) \tag{7.37}$$

当 $d \to 0$ 时, $w_0 \to \sqrt{2}/\gamma$, (7.35)式简化为:

$$\Theta = 2\arctan\frac{\gamma\lambda_e}{\sqrt{2}\pi} \tag{7.38}$$

图 7.7 表示计算的 DH 激光器的垂直发散角 Θ 与有源层厚度 d 的关系.

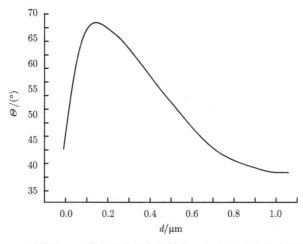

图 7.7 计算的 DH 激光器的垂直发散角 Θ 与有源层厚度 d 的关系

(2) 水平发散角

通常认为, 宽面激光器的光强度沿水平方向是均匀的. 然而, 实际上是一排亮点, 如图 7.8 所示. 其原因是, 光增益周期性烧孔导致了折射率周期性变化, 产生了周期性自聚焦效应. 这一排亮点表示光丝列阵, 而每条光丝的发散角均由 (7.35)式来表示.

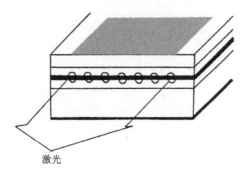

图 7.8   宽面激光器的近场亮点的示意图

现在, 我们来计算水平发散角. 考虑平方波导, 令 $d = d_{\text{eff}}$, 根据(4.51)和(4.58)式写出:

$$a = \frac{1}{X_t}\sqrt{2n_{\text{eff}}\Delta n_{\text{eff}}} \tag{7.39}$$

将(7.39)式代入(4.74)式中求出:

$$X_t = \frac{1}{k_0\sqrt{2n_{\text{eff}}\Delta n_{\text{eff}}}} \tag{7.40}$$

根据(1.34), (1.91)和(6.121)式写出:

$$\Delta n_{\text{eff}} = \frac{\delta G_{\text{th}}}{2k_0} \tag{7.41}$$

由(4.79), (7.40)和(7.41)式求出:

$$w_0 = \sqrt{\frac{2}{\delta k_0 n_{\text{eff}} G_{\text{th}}}} \tag{7.42}$$

由(4.26)和(7.42)式求出:

$$w_0 = \sqrt{\frac{\lambda_{\text{e}}}{\pi \delta n_{\text{eff}} G_{\text{th}}}} \tag{7.43}$$

以 AlGaAs/GaAs 器件为例：已知 $\delta = 5$ 、$n_{\text{eff}} = 3.5$ 、$\lambda_{\text{e}} = 0.85\mu\text{m}$ 和 $G_{\text{th}} = 50 / \text{cm}$ ，由(7.43)式求出 $w_0 = 1.8\mu\text{m}$ ，代入(7.35)式中求出 $\Theta = 17°$ ，相当于半功率全角 FAHP=10° ，与实验结果一致.

我们将自聚焦周期写作：

$$\Lambda = \pi w_0 \tag{7.44}$$

由(7.43)和(7.44)式求出：

$$\Lambda = \sqrt{\frac{\pi \lambda_{\text{e}}}{\delta n_{\text{eff}} G_{\text{th}}}} \tag{7.45}$$

由该式求出 $\Lambda = 6\mu\text{m}$. 当 $\Lambda < W$ 时，水平发散角保持不变. 由(7.35)、(7.44)和(7.45)式求出：

$$\Theta = 2\arctan\sqrt{\frac{\delta \lambda_{\text{e}} n_{\text{eff}} G_{\text{th}}}{\pi}} \tag{7.46}$$

显然,增大 Λ (减小 δ 和 G_{th})是减小水平发散角的途径. 当 $\Lambda > W$ 时,没有自聚焦效应,可以得到接近于衍射极限的水平发散角. 令 $W \approx 2w_0 \gg \lambda_{\text{e}}$，由(7.35)式求出：

$$\Theta \simeq \frac{4\lambda_{\text{e}}}{\pi W} \tag{7.47}$$

7.1.4　调制特性

调制带宽是：

$$B < \omega_0 \tag{7.48}$$

在阈值以上，可以取近似 $N_0 = N_{\text{th}}$ ，将(6.25)和(6.73)式分别改写为：

$$S_0 = \frac{N_{\text{j}} - N_{\text{th}}}{\zeta(N_{\text{th}} - N')} \tag{7.49}$$

$$\omega_0^2 = \frac{\Gamma \zeta^2 S_0 (N_{\text{th}} - N')}{\tau^2} + \frac{N_{\text{th}} \sigma (1 + \zeta S_0)}{S_0 \tau^2} \tag{7.50}$$

将(7.49)式代入(7.50)式中求出：

$$\omega_0^2 = \frac{\zeta}{\tau^2}\left[\Gamma(N_{\text{j}} - N_{\text{th}}) + \sigma N_{\text{th}} \frac{N_{\text{j}} - N'}{N_{\text{j}} - N_{\text{th}}}\right] \tag{7.51}$$

将(6.27)式代入(7.51)式求出:

$$\omega_0^2 = \frac{c}{n} \frac{\Gamma a (N_{th} - N')}{\tau} \left(\frac{N_j - N_{th}}{N_{th} - N'} \right) \left[1 + \frac{\sigma}{\Gamma} \frac{N_{th}(N_{th} - N')}{(N_j - N_{th})^2} \right] \qquad (7.52)$$

利用(5.32)和(6.29)式，由(6.2)、(7.2)和(7.52)式求出:

$$\omega_0^2 = \frac{1}{\tau \tau_S} \left(\frac{J - J_{th}}{J_{th} - J'} \right) \left[1 + \frac{\sigma}{\Gamma} \frac{J_{th}(J - J')}{(J - J_{th})^2} \right] \qquad (7.53)$$

其中

$$J' = qd \frac{N'}{\tau} \qquad (7.54)$$

$$\frac{1}{\tau_S} = \frac{c}{n}(A_i + A_m) \qquad (7.55)$$

J' 是透明电流密度，τ_S 是光子寿命.

图 7.9 是 ω_0 随 J 变化的示意图.

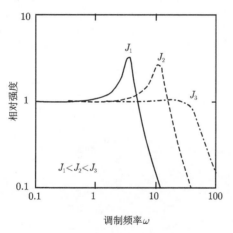

图 7.9 ω_0 随 J 变化的示意图

7.2   量子阱激光器

当 DH 半导体芯片的有源层厚度可以与电子波的波长相比时，载流子沿垂直于有源层方向的动能量子化为一系列分立的能级，这是量子尺度效应. 对这个量子尺度效应的处理，类似于我们熟知的量子力学中的一维势阱问题. 由此，将这

种激光器称为量子阱激光器, 简写为 QW 激光器. QW 激光器与 DH 激光器相比,
具有阈值电流密度低、输出功率高、调制带宽大等优点. 实际的 QW 激光器采用
分别限制异质结构(SCH). SCH 是宽带隙的 N 型和 P 型半导体层夹着窄带隙的
DH, 这个 DH 就是 QW 结构.

7.2.1 能带分裂

在量子阱内, 虽然载流子沿 x 方向的动能已经量子化为一系列分立的能级,
但是沿 y 和 z 方向仍然形成了能带.

由于振荡模式不与轻空穴价带相互作用, 我们只考虑重空穴价带. 根据(2.14)
式写出:

$$E_y = \frac{\hbar^2}{2m_i^*} k_y^2 \tag{7.56}$$

$$E_z = \frac{\hbar^2}{2m_i^*} k_z^2 \tag{7.57}$$

其中 $i = \mathrm{C}, \mathrm{V}$, k_y 和 k_z 分别是波矢 $\boldsymbol{k}$ 的沿 y 和 z 方向的分量.

图 7.10 表示势阱内导带和价带的能级, 对于导带记作 $E_{\mathrm{C}1}, E_{\mathrm{C}2}, E_{\mathrm{C}3}, \cdots$, 对于
价带记作 $E_{\mathrm{V}1}, E_{\mathrm{V}2}, E_{\mathrm{V}3}, \cdots$.

由于沿 x 方向为分立状态, 而沿 y 和 z 方向为连续状态, 将势阱内载流子的
能量写作:

$$E(n, k_y, k_z) = E_{xn} + \frac{\hbar^2}{2m_i^*}(k_y^2 + k_z^2) \tag{7.58}$$

该式表明, 导带和价带均分裂为一系列子能带.

现在, 我们来推导能带的状态密度分布.

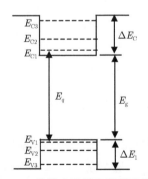

图 7.10　势阱内导带和价带的能级

在 $y-z$ 平面上，考虑各边长均为 L 的正方形，根据 (2.19) 式写出每个状态占有的 k 空间面积：

$$\delta_A = \left(\frac{2\pi}{L}\right)^2 = \frac{4\pi^2}{A} \tag{7.59}$$

其中 A 是正方形面积.

半径为 k 的圆面积是：

$$\Delta_A = \pi k^2 \tag{7.60}$$

由 (7.59) 和 (7.60) 式求出该面积上的状态数：

$$N = 2\frac{\Delta_A}{\delta_A} = \frac{Ak^2}{2\pi} \tag{7.61}$$

其中因子 2 表示粒子具有两个自旋状态.

对于每个子能带，由 (2.14) 和 (7.61) 式求出：

$$N_{in} = \frac{Am_i^* E}{\pi\hbar^2}, \quad E \geqslant E_{in} \tag{7.62}$$

单位面积单位能量的状态数是：

$$D_{in}(E) = \frac{1}{A}\frac{\mathrm{d}N_{in}}{\mathrm{d}E} \tag{7.63}$$

由 (7.62) 和 (7.63) 式求出：

$$D_{in}(E) = \frac{m_i^*}{\pi\hbar^2}, \quad E \geqslant E_{in} \tag{7.64}$$

每个子能带的状态密度分布是：

$$\rho_{in}(E) = \frac{D_{in}(E)}{d} \tag{7.65}$$

由 (7.64) 和 (7.65) 式求出：

$$\rho_{in}(E) = \frac{m_i^*}{d\pi\hbar^2}, \quad E \geqslant E_{in} \tag{7.66}$$

该式表明，每个子能带的状态密度分布，均为与能量无关的常数. 因此，将量子阱内的状态密度分布写作：

$$\rho_i(E) = \frac{m_i^*}{d\pi\hbar^2} \sum_n H(E - E_{in}) \tag{7.67}$$

其中 $H(E - E_{in})$ 是 Heaviside 函数. 当 $E \geqslant E_{in}$ 时, $H(E - E_{in}) = 1$; 当 $E < E_{in}$ 时, $H(E - E_{in}) = 0$. (7.67)式表示阶梯分布, 如图 7.11 所示.

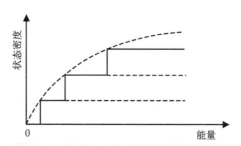

图 7.11　势阱内状态密度呈阶梯分布的示意图

7.2.2　载流子密度

量子阱激光器的设计, 必须保证载流子基本上填充在第一子能带内. 因此, 根据(7.66)式, 写出分别与(3.6)、(3.7)和(3.142)式对应的导带状态密度分布、价带状态密度分布和振子状态密度分布:

$$\rho_C(x_C) = \frac{m_C^*}{d\pi\hbar^2}, \quad x_C \geqslant E_{C1} \tag{7.68}$$

$$\rho_V(x_V) = \frac{m_V^*}{d\pi\hbar^2}, \quad x_V \geqslant E_{V1} \tag{7.69}$$

$$\rho_r(h\omega) = \frac{m_r^*}{d\pi\hbar^2}, \quad h\omega \geqslant E_q \tag{7.70}$$

其中

$$E_q = E_g + (E_{C1} + E_{V1}) \tag{7.71}$$

E_q 是 QW 的带隙.

将(3.18)和(7.68)式代入(3.11)式中, 得到电子密度:

$$N = \xi_C \ln\left(1 + e^{\frac{F_C'}{kT}}\right) \tag{7.72}$$

其中

$$\xi_{\mathrm{C}} = \frac{kTm_{\mathrm{C}}^{*}}{d\pi\hbar^2} \tag{7.73}$$

ξ_{C} 是导带的有效状态密度.

　　由(7.72)式求出:

$$e^{\frac{F_{\mathrm{C}}'}{kT}} = e^{\frac{N}{\xi_{\mathrm{C}}}} - 1 \tag{7.74}$$

　　由(3.18)和(7.74)式求出:

$$f_{\mathrm{C}}(x_{\mathrm{C}}) = \frac{1}{\dfrac{e^{\frac{x_{\mathrm{C}}}{kT}}}{e^{\frac{N}{\xi_{\mathrm{C}}}} - 1} + 1} \tag{7.75}$$

　　将(3.20)和(7.69)式代入(3.12)式中，得到空穴密度:

$$P = \xi_{\mathrm{V}} \ln\left(1 + e^{\frac{F_{\mathrm{V}}'}{kT}}\right) \tag{7.76}$$

其中

$$\xi_{\mathrm{V}} = \frac{kTm_{\mathrm{V}}^{*}}{d\pi\hbar^2} \tag{7.77}$$

ξ_{V} 是价带的有效状态密度.

　　由(7.76)式求出:

$$e^{\frac{F_{\mathrm{V}}'}{kT}} = e^{\frac{P}{\xi_{\mathrm{V}}}} - 1 \tag{7.78}$$

　　由(3.20)和(7.78)式求出:

$$1 - f_{\mathrm{V}}(x_{\mathrm{V}}) = \frac{1}{\dfrac{e^{\frac{x_{\mathrm{V}}}{kT}}}{e^{\frac{P}{\xi_{\mathrm{V}}}} - 1} + 1} \tag{7.79}$$

　　由(7.79)式求出:

$$f_{\mathrm{V}}(x_{\mathrm{V}}) = 1 - \frac{1}{\dfrac{e^{\frac{x_{\mathrm{V}}}{kT}}}{e^{\frac{P}{\xi_{\mathrm{V}}}} - 1} + 1} \tag{7.80}$$

7.2.3 水平矩阵元

在量子阱激光器内，振荡模式是 TE 波，只有水平矩阵元 $M_{//}$，如图 7.12 所示.

水平矩阵元对二维空间取平均值：

$$|M_{//}|_{\mathrm{av}}^2 = \frac{\int_0^{2\pi} |M_{//}|^2 \, \mathrm{d}\varphi}{2\int_0^{2\pi} \mathrm{d}\varphi} \tag{7.81}$$

其中因子 $\dfrac{1}{2}$ 是一个 S 态与两个 P 态相对应的结果. 根据图 7.12 写出：

$$M_{//} = M_{\mathrm{B}}(\cos\varphi + \mathrm{i}\sin\varphi) \tag{7.82}$$

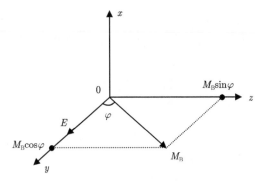

图 7.12　势阱内的电场和动量矩阵元

将(7.82)式代入(7.81)式中求出：

$$|M_{//}|_{\mathrm{av}}^2 = |M_{\mathrm{B}}|^2 \frac{\int_0^{2\pi} (\cos^2\varphi + \sin^2\varphi)\mathrm{d}\varphi}{2\int_0^{2\pi} \mathrm{d}\varphi} = \frac{1}{2}|M_{\mathrm{B}}|^2 \tag{7.83}$$

这里，根据(3.125)式写出：

$$|M_{\mathrm{B}}|^2 = \frac{m^2}{2m_{\mathrm{c}}^*}\left(E_{\mathrm{q}} + \frac{\Delta}{3}\right) \tag{7.84}$$

最后，将(3.131)，(3.132)和(3.161)式分别改写为：

$$B_{//} = \frac{\pi\hbar q^2}{2m^2\varepsilon\varepsilon_0 E_{\mathrm{q}}}|M_{//}|_{\mathrm{av}}^2 \tag{7.85}$$

$$A_{//} = \frac{nq^2 E_{\mathrm{q}}}{2\pi\varepsilon_0\hbar^2 m^2 c^3} \mid M_{//} \mid_{\mathrm{av}}^2 \tag{7.86}$$

$$B_{//}^* = \frac{\xi_{\mathrm{r}}}{\xi_{\mathrm{C}}\xi_{\mathrm{V}}} A_{//} \tag{7.87}$$

其中

$$\xi_{\mathrm{r}} = \frac{kTm_{\mathrm{r}}^*}{d\pi\hbar^2} \tag{7.88}$$

ξ_{r} 是振子的有效状态密度.

7.2.4　量子阱半导体发光

根据(3.151)，(3.153)和(7.70)式写出:

$$g(\hbar\omega) = \frac{n}{c} B_{//} \frac{m_{\mathrm{r}}^*}{d\pi\hbar^2} [f_{\mathrm{C}}(x_{\mathrm{C}}) - f_{\mathrm{V}}(x_{\mathrm{V}})] \tag{7.89}$$

$$r_{\mathrm{sp}}(\hbar\omega) = A_{//} \frac{m_r^*}{d\pi\hbar^2} f_{\mathrm{C}}(x_{\mathrm{C}})[1 - f_{\mathrm{V}}(x_{\mathrm{V}})] \tag{7.90}$$

将(3.146)和(3.147)式分别改写为:

$$x_{\mathrm{C}} = (\hbar\omega - E_{\mathrm{q}})\frac{m_{\mathrm{r}}^*}{m_{\mathrm{C}}^*} \tag{7.91}$$

$$x_{\mathrm{V}} = (\hbar\omega - E_{\mathrm{q}})\frac{m_{\mathrm{r}}^*}{m_{\mathrm{V}}^*} \tag{7.92}$$

令 $P = N$，利用(7.91)和(7.92)式，将(7.75)和(7.80)式代入(7.89)式中求出光增益谱 $g(\hbar\omega)$，将(7.75)和(7.79)式代入(7.90)式中求出自发发射谱 $r_{\mathrm{sp}}(\hbar\omega)$.

图 7.13 表示在不同注入水平下的光增益谱, 图 7.14 表示在不同注入水平下的自发发射谱.

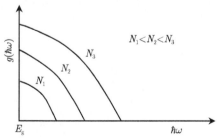

图 7.13　QW 结构在不同注入水平下的光增益谱的示意图

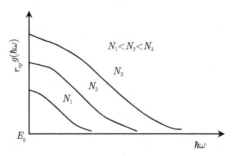

图 7.14　QW 结构在不同注入水平下的自发发射谱的示意图

7.2.5　阈值电流密度

量子阱激光器的发射波长与注入电流无关，根据(7.34)式写出：

$$\lambda_{\mathrm{q}} = \frac{2\pi\hbar c}{E_{\mathrm{q}}} \tag{7.93}$$

根据(7.89)式写出最大光增益系数：

$$g = \frac{n}{c} B_{//} \frac{m_{\mathrm{r}}^*}{d\pi\hbar^2} [f_{\mathrm{C}}(0) - f_{\mathrm{V}}(0)] \tag{7.94}$$

由(7.75)和(7.80)式分别求出：

$$f_{\mathrm{C}}(0) = 1 - \mathrm{e}^{-\frac{N}{\xi_{\mathrm{C}}}} \tag{7.95}$$

$$f_{\mathrm{V}}(0) = \mathrm{e}^{-\frac{P}{\xi_{\mathrm{V}}}} \tag{7.96}$$

令 $P = N$ ，将(7.95)和(7.96)式代入(7.94)式中求出：

$$g = \alpha_0 \left[1 - \left(\mathrm{e}^{-\frac{N}{\xi_{\mathrm{C}}}} + \mathrm{e}^{-\frac{N}{\xi_{\mathrm{V}}}} \right) \right] \tag{7.97}$$

其中

$$\alpha_0 = \frac{n}{c} B_{//} \frac{m_{\mathrm{r}}^*}{d\pi\hbar^2} \tag{7.98}$$

α_0 是 QW 的 0 注入光吸收系数. 图 7.15 表示计算的 GaAs/AlGaAs 量子阱结构在不同温度下的最大光增益系数与注入载流子密度的关系.

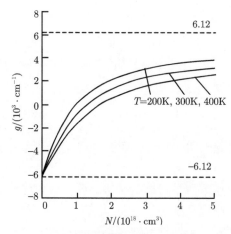

图 7.15　计算的 GaAs/AlGaAs 量子阱结构在不同温度下的最大光增益系数 g 与
注入载流子密度 N 的关系

在近似计算时，由于 $\xi_{\mathrm{C}} \ll \xi_{\mathrm{V}}$，(7.97)式简化为：

$$g = \alpha_0 \left(1 - \mathrm{e}^{-\frac{N}{\xi_{\mathrm{V}}}} \right) \tag{7.99}$$

由(5.32)，(5.35)和(7.99)式得到阈值载流子密度：

$$N_{\mathrm{th}} = \xi_{\mathrm{V}} \ln \left(\frac{1}{1 - \dfrac{A}{\varGamma \alpha_0}} \right) \tag{7.100}$$

将(7.4)式改写为：

$$J_{\mathrm{th}} = qd \frac{B_{//}^*}{\eta_i} N_{\mathrm{th}}^2 \tag{7.101}$$

将(7.100)式代入(7.101)式中求出阈值电流密度：

$$J_{\mathrm{th}} = \frac{qd}{\eta_i} B_{//}^* \xi_{\mathrm{V}}^2 \left[\ln \left(\frac{1}{1 - \dfrac{A}{\varGamma \alpha_0}} \right) \right]^2 \tag{7.102}$$

利用(7.73)和(7.77)式，将(7.87)式代入(7.102)式中求出：

$$J_{\mathrm{th}} = \frac{qd}{\eta_i} A_{//} \xi_{\mathrm{r}} \frac{m_{\mathrm{V}}^*}{m_{\mathrm{C}}^*} \left[\ln \left(\frac{1}{1 - \dfrac{A}{\varGamma \alpha_0}} \right) \right]^2 \tag{7.103}$$

(7.88)和(7.103)式表明，J_{th} 和 T 的关系是由 ξ_r 决定的，不是指数关系，而是线性关系. 因此，(7.6)式不适用于量子阱激光器.

实际的 QW 激光器采用分别限制异质结构，它具有完全的载流子限制，光限制因子由(4.107)式来表示.

7.2.6 应变层量子阱

这里只介绍应变层量子阱的特点，而其光增益的计算方法和公式均与上面讲的无应变的情况相同.

由于势阱层比势垒层薄两个量级，若势阱层和势空层的晶格失配，则势阱层产生了弹性应变，而势垒层几乎是无应变的. 以闪锌矿结构的 $In_xGa_{1-x}As/InP$ 量子阱为例：当 $x = 0.53$ 时，势阱层和势垒层的晶格匹配，势阱层是无应变的. 然而，当 x 大于或小于 0.53 时，势阱层产生了双轴压应变或双轴张应变. 应变–厚度乘积的临界值约为 20nm%，势阱层的厚度通常小于 20mm. 因此，容许的应变为 1%~2%. 这个应变对势阱层的能带结构和电子光跃迁产生了重大的影响.

1. 弹性应变

考虑在(100)取向的 InP 衬底上生长的 $In_xGa_{1-x}As$ 外延层. 令二者的晶格常数分别为 a_S 和 a_e，将外延层的水平双轴应变写作：

$$\varepsilon_{//} = \varepsilon_{xx} = \varepsilon_{yy} = \frac{a_S - a_e}{a_e} \tag{7.104}$$

显然，$\varepsilon_{//} > 0$ 表示张应变，$\varepsilon_{//} < 0$ 表示压应变.

这时，垂直单轴应变是：

$$\varepsilon_\perp = \varepsilon_{zz} = -\frac{2\sigma}{1-\sigma}\varepsilon_{//} \tag{7.105}$$

其中 σ 是泊松比. 对于闪锌矿结构的半导体，$\sigma \simeq \frac{1}{3}$，(7.105)式简化为：

$$\varepsilon_\perp \approx -\varepsilon_{//} \tag{7.106}$$

为了便于分析，将总应变分解为液压分量和单轴分量：

$$\varepsilon_{hy} = \varepsilon_{xx} + \varepsilon_{yy} + \varepsilon_{zz} \approx \varepsilon_{//} \tag{7.107}$$

$$\varepsilon_{ax} = \varepsilon_\perp - \varepsilon_{//} \simeq -2\varepsilon_{//} \tag{7.108}$$

2. 能带结构

ε_{hy} 造成了带隙变化：

$$\delta = a\varepsilon_{hy} \tag{7.109}$$

其中 a 是液压形变势.

ε_{ax} 造成了价带分裂, 轻空穴价带和重空穴价带沿相反方向移动:

$$S = b\varepsilon_{ax} \tag{7.110}$$

其中 b 是单轴形变势.

当 $x > 0.53$ 时, $\varepsilon_{hy} < 0$ 和 $\varepsilon_{ax} > 0$, $\delta < 0$ 和 $S > 0$. $\delta < 0$ 对应于双轴压应变, $S > 0$ 表示重空穴价带高于轻空穴价带, 实际带隙是:

$$E_{gH} = E_g - \delta - S \tag{7.111}$$

当 $x < 0.53$ 时, $\varepsilon_{hy} > 0$ 和 $\varepsilon_{ax} < 0$, $\delta > 0$ 和 $S < 0$. $\delta > 0$ 对应于双轴张应变, $\delta < 0$ 表示轻空穴价带高于重空穴价带, 实际带隙是:

$$E_{gL} = E_g - \delta + S \tag{7.112}$$

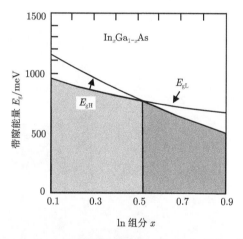

图 7.16　$In_xGa_{1-x}As$ 的实际带隙 E_{gL} 或 E_{gH} 与组分 x 的关系

图 7.16 表示 $In_xGa_{1-x}As$ 的实际带隙 E_{gL} 或 E_{gH} 与组分 x 的关系.

此外, 应变还造成了重空穴有效质量减小, 因而重空穴价带的状态密度降低了.

3. 偏振选择

在实际带隙为 E_{gH} 的势阱层内, 电子光跃迁是导带和重空穴价带之间的跃迁, 这种跃迁与 TE 波耦合, 矩阵元 $|M|^2_{av} = \dfrac{1}{2}|M_B|^2$.

在实际带隙为 E_{gL} 的势阱层内, 电子光跃迁是导带和轻空穴价带之间的跃迁,

这种跃迁与 TM 波耦合，矩阵元 $|M|^2_{\mathrm{av}} = \dfrac{2}{3}|M_{\mathrm{B}}|^2$.

显然，改变势阱层的组分，就能够实现激光的偏振选择.

7.3 垂直腔表面发射激光器

前面讲的半导体激光器均为水平腔端面发射激光器，其出射光束平行于芯片表面. 现在介绍垂直腔表面发射激光器(VCSEL)，其出射光束垂直于芯片表面. VCSEL 是超短腔器件，产生稳定的单模振荡，阈值电流很低. 它的出射光束呈圆形，发散角很小. 这种器件适于单片集成，制作二维列阵. 本节介绍 VCSEL 的几个具体问题.

7.3.1 阈值电流密度

图 7.17 是早期的垂直腔表面发射激光器芯片结构的示意图. 这是掩埋异质结构，圆形的 DH 掩埋在带隙稍宽而折射率稍低的半导体材料内，形成了圆柱光波导. P 面形成圆形金属电极，同时作为全反射镜；N 面形成环形金属电极，在环内的表面上镀介质膜，这是出光窗口.

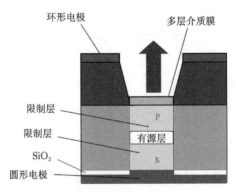

图 7.17 早期的垂直腔表面发射激光器芯片结构的示意图

我们将垂直腔表面发射激光器的阈值条件写作：

$$dg_{\mathrm{th}}\varGamma_t = d\alpha_a\varGamma_t + (L-d)\alpha_c\varGamma_t - L\alpha_b(1-\varGamma_t) + \ln\frac{1}{\sqrt{R}} \qquad (7.113)$$

其中 α_a、α_c 和 α_b 分别是有源层、限制层和掩埋材料的光吸收系数，R 是出光表面的反射率，$\varGamma_t$ 是横向光限制因子.

该式的左边和右边分别表示模式增益和模式损耗，而右边的各项依次为有源层损耗、限制层损耗、衍射损耗和表面损耗.

将(7.113)式改写为:

$$g_{\mathrm{th}}\Gamma_l\Gamma_t = \alpha_a\Gamma_l\Gamma_t + \alpha_c(1-\Gamma_l)\Gamma_t + \alpha_b(1-\Gamma_t) + \frac{1}{L}\ln\frac{1}{\sqrt{R}} \tag{7.114}$$

其中

$$\Gamma_l = \frac{d}{L} \tag{7.115}$$

Γ_l 是纵向光限制因子.

由(5.32)和(7.114)式求出:

$$G_{\mathrm{th}} = g_{\mathrm{th}}\Gamma_l\Gamma_t \tag{7.116}$$

$$A_i = \alpha_a\Gamma_l\Gamma_t + \alpha_c(1-\Gamma_l)\Gamma_t + \alpha_b(1-\Gamma_t) \tag{7.117}$$

$$A_m = \frac{1}{L}\ln\frac{1}{\sqrt{R}} \tag{7.118}$$

对于早期的 VCSEL, 将(7.5)式改写为:

$$J_{\mathrm{th}} = qd\frac{B^*}{\eta_i}\left(N' + \frac{A_i + A_m}{\Gamma_l\Gamma_t a}\right) \tag{7.119}$$

图 7.18 是当代的垂直腔表面发射激光器芯片结构的示意图. 当代器件与早期器件的差异是: ① QW 替代了三维有源层; ② DBR 替代了平面反射镜; ③ 谐振腔长度等于半波长或全波长. 因此, 不仅降低了阈值电流, 而且产生了微腔效应.

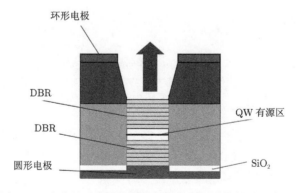

图 7.18　当代的垂直腔表面发射激光器芯片结构的示意图

对于当代的 VCSEL, 将(7.103)式改写为:

$$J_{\mathrm{th}} = qd\frac{A_{//}}{\eta_i}\xi_r\frac{m_{\mathrm{v}}^*}{m_{\mathrm{c}}^*}\left[\ln\left(\cfrac{1}{1-\cfrac{A_i+A_m}{\Gamma_l\Gamma_t\alpha_0}}\right)\right]^2 \tag{7.120}$$

注意，该式内的 Γ_l，不是由(7.115)式来表示，而是由(4.106)式来表示，这是光增益匹配(势阱层在驻波的波腹上)的结果.

现在，我们来估算表面反射率. 对于这种超短腔 F-P 激光器，若其阈值电流密度 J_{th} 和出射效率 η_0 可以与水平腔器件相比，则二者的有效模式增益 $G_{\mathrm{eff}} = A_m$ 必须大致相同. 根据(7.118)式写出：

$$\frac{1}{L_\perp}\ln\frac{1}{\sqrt{R_\perp}} = \frac{1}{L_{//}}\ln\frac{1}{\sqrt{R_{//}}} \tag{7.121}$$

其中脚标 $\perp$ 和 $//$ 分别表示垂直腔和水平腔.

以 AlGaAs/GaAs 器件为例：已知 $R_{//} = 0.32$，$L_{//} = 300\mu m$；若 $L_\perp = 7\mu m$，则求出 $R_\perp = 0.974$；若 $L_\perp = 1\mu m$，则求出 $R_\perp = 0.996$. 因此得到的重要结论是，VCSEL 的表面反射率必须接近于 1.

7.3.2 横向光限制因子

圆柱光波导的横向光限制因子是：

$$\Gamma_t = \frac{\displaystyle\int_0^a u^2(r)r\mathrm{d}r}{\displaystyle\int_0^\infty u^2(r)r\mathrm{d}r} \tag{7.122}$$

将(5.144)式代入(7.122)式中求出：

$$\Gamma_t = \frac{\displaystyle\int_0^a J_0^2(qr)r\mathrm{d}r}{\displaystyle\int_0^a J_0^2(qr)r\mathrm{d}r + \int_a^\infty K_0^2(\gamma r)r\mathrm{d}r} \tag{7.123}$$

该式的数值计算是十分复杂的. 为了简化计算，作为一种近似，我们采用平板波导的 0 阶横向模式的电场分布，来替代圆柱波导的 0 阶横向模式的电场分布.

利用(4.5)式，将(7.123)式改写为：

$$\Gamma_t = \frac{\displaystyle\int_0^a x\cos^2 qx\,\mathrm{d}x}{\displaystyle\int_0^a x\cos^2 qx\,\mathrm{d}x + \cos^2 qa\int_a^\infty x\mathrm{e}^{-2\gamma(x-a)}\mathrm{d}x} \tag{7.124}$$

求出积分:

$$\int_0^a x\cos^2 qx\,\mathrm{d}x = \frac{1}{4}\left[a^2 + \frac{2a}{q}\sin qa\cos qa + \frac{1}{q^2}\sin^2 qa\right] \tag{7.125}$$

$$\int_a^\infty x\mathrm{e}^{-2\gamma(x-a)}\mathrm{d}x = \frac{1}{4}\left[\frac{2a}{\gamma} + \frac{1}{\gamma^2}\right] \tag{7.126}$$

代入(1.124)式中求出:

$$\Gamma_t = \cfrac{1}{1 + \cfrac{\cos^2 qa\left[\dfrac{2a}{\gamma} + \dfrac{1}{\gamma^2}\right]}{a^2 + \dfrac{2a}{q}\sin qa\cos qa + \dfrac{1}{q^2}\sin^2 qa}} \tag{7.127}$$

图 7.19 表示计算的 GaAs/AlGaAs 垂直腔表面发射激光器的 Γ_t 与 $2a$ 的关系.

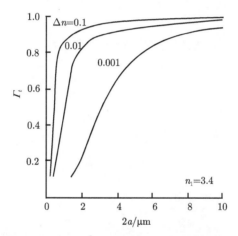

图 7.19 计算的 GaAs/AlGaAs 垂直腔表面发射激光器的 Γ_t 与 $2a$ 的关系

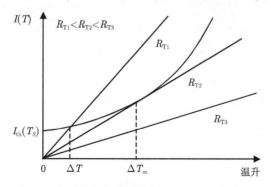

图 7.20 半导体激光器的温升可能出现的三种情况

7.3.3   发热和散热

将垂直腔表面发射激光器作为信息器件使用，是理所当然的. 然而，若将它作为功率器件使用，则必须解决发热和散热的问题，这是个难题.

虽然各种半导体激光器均有发热和散热的问题，但是高功率器件的这个问题尤其严重. 在理论上，器件能否在室温下连续工作，主要是它的温升问题. 因此，要求减少发热和增大散热. 器件的温升是：

$$\Delta T = T - T_S \tag{7.128}$$

其中 T 和 T_S 分别是有源区温度和散热器温度.

必须指出，由于 ΔT 难于精确计算，只能作出保守的估计. 将温升写作：

$$\Delta T = R_{\mathrm{T}} P_i \tag{7.129}$$

其中 R_{T} 是器件的热阻.

由(7.28)和(7.129)式求出：

$$\Delta T = R_{\mathrm{T}}[R_S I^2(T) + V_{\mathrm{th}} I(T)] \tag{7.130}$$

根据(7.6)式写出：

$$I_{\mathrm{th}}(T) = I_{\mathrm{th}}(T_S) \mathrm{e}^{\frac{\Delta T}{T_0}} \tag{7.131}$$

激光器连续工作的条件是：

$$I(T) > I_{\mathrm{th}}(T) \tag{7.132}$$

根据(7.130)~(7.132)式写出：

$$\frac{\Delta T_m}{R_{\mathrm{T}}} > V_{\mathrm{th}} I_{\mathrm{th}}(T_S) \mathrm{e}^{\frac{\Delta T_m}{T_0}} \left[1 + \frac{R_S I_{\mathrm{th}}(T_S)}{V_{\mathrm{th}}} \mathrm{e}^{\frac{\Delta T_m}{T_0}}\right] \tag{7.133}$$

其中

$$\Delta T_{\mathrm{m}} = T_{\mathrm{m}} - T_S \tag{7.134}$$

ΔT_{m} 是容许的最高温升，T_{m} 是容许的最高温度.

现在，我们来决定容许的最高温升. 为了简单地说明问题，考虑 $R_S = 0$ 的情况，由(7.130)式求出：

$$I(T) = \frac{\Delta T}{V_{\mathrm{th}} R_{\mathrm{T}}} \tag{7.135}$$

在图 7.20 上画出了(7.131)式表示的 $I_{\text{th}}(T)$ 随 ΔT 变化的一条曲线, 以及 (7.135)式表示的以 R_{T} 为参量的 $I(T)$ 随 ΔT 变化的三条曲线. 该图表明, 随着 R_{T} 增大, 出现了三种情况: ① 若曲线和直线相交, 则交点决定了 ΔT ; ② 若曲线和直线相切, 则切点决定了 ΔT_{m} ; ③ 若曲线和直线分离, 则激光器不能连续工作. 因此, 决定 ΔT_{m} 的方程组是:

$$I(T) = I_{\text{th}}(T) \tag{7.136}$$

$$\frac{\mathrm{d}I(T)}{\mathrm{d}(\Delta T)} = \frac{\mathrm{d}I_{\text{th}}(T)}{\mathrm{d}(\Delta T)} \tag{7.137}$$

将(7.131)和(7.135)式代入(7.130)和(7.137)式中, 分别得到:

$$\frac{\Delta T}{V_{\text{th}}R_{\text{T}}} = I_{\text{th}}(T_S)\mathrm{e}^{\frac{\Delta T}{T_0}} \tag{7.138}$$

$$\frac{T_0}{V_{\text{th}}R_{\text{T}}} = I_{\text{th}}(T_S)\mathrm{e}^{\frac{\Delta T}{T_0}} \tag{7.139}$$

由(7.138)和(7.139)式求出:

$$\Delta T_{\text{m}} = T_0 \tag{7.140}$$

在 $R_S > 0$ 的情况下, 必然是 $\Delta T_{\text{m}} < T_0$. 由(7.130)式求出:

$$I(T) = \frac{\sqrt{V_{\text{th}}^2 + \dfrac{4R_S\Delta T}{R_{\text{T}}}} - V_{\text{th}}}{2R_S} \tag{7.141}$$

将(7.131)和(7.141)式代入(7.136)和(7.137)式中, 分别得到:

$$\frac{\sqrt{V_{\text{th}}^2 + \dfrac{4R_S\Delta T}{R_{\text{T}}}} - V_{\text{th}}}{2R_S} = I_{\text{th}}(T_S)\mathrm{e}^{\frac{\Delta T}{T_0}} \tag{7.142}$$

$$\frac{T_0}{R_{\text{T}}\sqrt{V_{\text{th}}^2 + \dfrac{4R_S\Delta T}{R_{\text{T}}}}} = I_{\text{th}}(T_S)\mathrm{e}^{\frac{\Delta T}{T_0}} \tag{7.143}$$

由(7.142)和(7.143)式求出:

$$\Delta T_{\mathrm{m}} = \frac{R_{\mathrm{T}}}{4R_S}\left[\left(\frac{V_{\mathrm{th}} + \sqrt{V_{\mathrm{th}}^2 + \dfrac{8R_S T_0}{R_{\mathrm{T}}}}}{2}\right)^2 - V_{\mathrm{th}}^2\right] \tag{7.144}$$

对于具体的器件，R_S、T_0 和室温阈值电流 I_{th} 是已知的. 用户可以通过散热方式来改变 R_{T}. 由(7.133)和(7.144)式消去 ΔT_{m}，可以得到 R_{T} 与 I_{th} 的关系. 图 7.21 是 R_{T} 随 I_{th} 变化的示意图，阴影表示室温连续工作区域. 显然，若 I_{th} 较小，则容许的 R_{T} 较大；若 I_{th} 较大，则容许的 R_{T} 较小. 一般地说，在后一种情况下，必须给器件加上散热器.

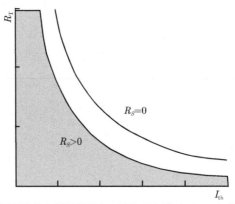

图 7.21   半导体激光器的热阻 R_{T} 随室温阈值电流 I_{th} 变化的示意图
(阴影表示室温连续工作区域)

7.4   外腔激光器

外腔激光器是由激光二极管和外加平面镜组成的，如图 7.22 所示. 二极管的一个端面和平面镜构成了外腔，而由另一个端面发射激光. 在实际器件中，由 DBR 来替代平面镜，也是可取的方案. 外腔激光器的特点是，外腔反馈锁模和激光谱线变窄. 本节对这些特点进行理论分析.

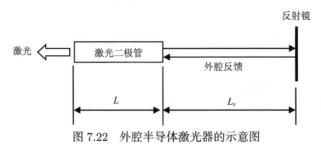

图 7.22   外腔半导体激光器的示意图

7.4.1 光注入锁模

考虑注入的光波和激光二级管的共振介质相互作用. 将注入的光波和在二极管内产生的光波分别写作:

$$e_s(t) = a_s \mathrm{e}^{\mathrm{i}\omega t} \tag{7.145}$$

$$e(t) = a_0(t)\mathrm{e}^{\mathrm{i}\phi_0(t)}\mathrm{e}^{\mathrm{i}\omega_0 t} + a(t)\mathrm{e}^{\mathrm{i}\phi(t)}\mathrm{e}^{\mathrm{i}\omega t} \tag{7.146}$$

(7.146)式右边的第一项和第二项分别表示自由振荡和受迫振荡.

将(1.110)式改写为:

$$n^2\varOmega^2 e(t) + [n^2 - \mathrm{i}(\chi' + \chi'_\mathrm{F})]\frac{\mathrm{d}^2}{\mathrm{d}t^2}e(t) - \mathrm{i}\chi'\frac{\mathrm{d}^2}{\mathrm{d}t^2}e_s(t) = 0 \tag{7.147}$$

该式右边的最后一项表示光注入效应.

由(7.145)和(7.146)式分别求出:

$$\frac{\mathrm{d}^2}{\mathrm{d}t^2}e_s(t) = -\omega^2 a_s \mathrm{e}^{\mathrm{i}\omega t} \tag{7.148}$$

$$\frac{\mathrm{d}^2}{\mathrm{d}t^2}e(t) = \left\{\mathrm{i}2\omega_0\frac{\mathrm{d}}{\mathrm{d}t}a_0(t) - \left[\omega_0^2 + 2\omega_0\frac{\mathrm{d}}{\mathrm{d}t}\phi_0(t)\right]a_0(t)\right\}\mathrm{e}^{\mathrm{i}\phi_0(t)}\mathrm{e}^{\mathrm{i}\omega_0 t} \\ + \left\{\mathrm{i}2\omega\frac{\mathrm{d}}{\mathrm{d}t}a(t) - \left[\omega^2 + 2\omega\frac{\mathrm{d}}{\mathrm{d}t}\phi(t)\right]a(t)\right\}\mathrm{e}^{\mathrm{i}\phi(t)}\mathrm{e}^{\mathrm{i}\omega t} \tag{7.149}$$

注意, 在(7.149)式的右边忽略了二阶小量.

将(7.146)、(7.148)和(7.149)式代入(7.147)式中, 得到四个微分方程:

$$2n^2\frac{\mathrm{d}}{\mathrm{d}t}a_0(t) + (\chi' + \chi'_\mathrm{F})\left[\omega_0 + 2\frac{\mathrm{d}}{\mathrm{d}t}\phi_0(t)\right]a_0(t) = 0 \tag{7.150}$$

$$(\varOmega^2 - \omega_0^2) - 2\omega_0\frac{\mathrm{d}}{\mathrm{d}t}\phi_0(t) = 0 \tag{7.151}$$

$$2n^2\frac{\mathrm{d}}{\mathrm{d}t}a(t) + (\chi' + \chi'_\mathrm{F})\left[\omega + 2\frac{\mathrm{d}}{\mathrm{d}t}\phi(t)\right]a(t) + \chi'\omega a_s\cos\phi(t) = 0 \tag{7.152}$$

$$n^2\left[(\varOmega^2 - \omega^2) - 2\omega\frac{\mathrm{d}}{\mathrm{d}t}\phi(t)\right]a(t) + 2\omega(\chi' + \chi'_\mathrm{F})\frac{\mathrm{d}}{\mathrm{d}t}a(t) + \chi'\omega a_s\sin\phi(x) = 0 \tag{7.153}$$

由于 $(\chi' + \chi'_F)$ 与一阶导数的乘积也是二阶小量，$(7.150)\sim(7.153)$式分别简化为：

$$\frac{\mathrm{d}}{\mathrm{d}t}a_0(t) + \frac{\omega_0(\chi' + \chi'_F)}{2n^2}a_0(t) = 0 \tag{7.154}$$

$$(\Omega^2 - \omega_0^2) - 2\omega_0\frac{\mathrm{d}}{\mathrm{d}t}\phi_0(t) = 0 \tag{7.155}$$

$$\frac{\mathrm{d}}{\mathrm{d}t}a(t) + \frac{\omega(\chi' + \chi'_F)}{2n^2}a(t) + \frac{\omega\chi'}{2n^2}a_s\cos\phi(t) = 0 \tag{7.156}$$

$$(\Omega^2 - \omega^2) - 2\omega\frac{\mathrm{d}}{\mathrm{d}t}\phi(t) + \frac{\omega\chi'}{n}\frac{a_s}{a(t)}\sin\phi(t) = 0 \tag{7.157}$$

利用 $\omega \approx \omega_0 \approx \Omega$ 和 $I \propto a^2$ ，由$(7.154)\sim(7.157)$式分别求出：

$$\frac{\mathrm{d}}{\mathrm{d}t}I_0(t) + \frac{c}{n}(g - \alpha)I_0(t) = 0 \tag{7.158}$$

$$\frac{\mathrm{d}}{\mathrm{d}t}\phi_0(t) = \Omega - \omega_0 \tag{7.159}$$

$$\frac{\mathrm{d}}{\mathrm{d}t}I(t) = \frac{c}{n}(g - \alpha)I(t) + \frac{c}{n}\frac{a_s}{a(t)}gI(t)\cos\phi(t) \tag{7.160}$$

$$\frac{\mathrm{d}}{\mathrm{d}t}\phi(t) = (\Omega - \omega) - \frac{c}{2n}\frac{a_s}{a(t)}g\sin\phi(t) \tag{7.161}$$

其中

$$g = -\frac{\Omega\chi'}{cn} \tag{7.162}$$

$$\alpha = \frac{\Omega\chi'_F}{cn} \tag{7.163}$$

g 和 α 分别是光增益系数和光吸收系数.

在稳定情况下，各参数均与时间无关，由$(7.158)\sim(4.17)$式分别求出：

$$\Delta gI_0 = 0 \tag{7.164}$$

$$\Omega - \omega_0 = 0 \tag{7.165}$$

$$\Delta g = -g_s \cos\phi \tag{7.166}$$

$$\Delta\omega = -\frac{c}{2n} g_s \sin\phi \tag{7.167}$$

其中

$$\Delta g = g - \alpha \tag{7.168}$$

$$\Delta\omega = \omega - \Omega \tag{7.169}$$

$$g_s = Mg \tag{7.170}$$

$$M = \frac{a_s}{a} = \sqrt{\frac{I_S}{I}} \tag{7.171}$$

g_s 是光注入引入的附加光增益, M 是光增益调制深度.

Δg 和 $\Delta\omega$ 与 ϕ 的关系如图 7.23 所示. 当 $\Delta g = 0$ 时, $\Delta\omega$ 为最大或最小值; 当 $\Delta\omega = 0$ 时, Δg 为最大或最小值.

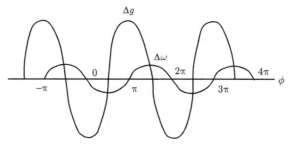

图 7.23　Δg 和 $\Delta\omega$ 与 ϕ 的关系

(7.164)式表明, 外腔激光器有两种工作状态:

(1) $\Delta g = 0, I_0 \neq 0$, 这是自由振荡和受迫振荡共存. 由(7.166)式求出:

$$\phi = \pm(2m+1)\frac{\pi}{2}, \quad m = 0,1,2,\cdots \tag{7.172}$$

这是自由振荡和受迫振荡共存的条件.

(2) $\Delta g \neq 0, I_0 = 0$, 这是只有受迫振荡, 即光注入锁模. (7.166)式表明, ϕ 可以取任意值, 而由(7.172)式表示者除外.

利用(7.168)和(7.170)式, 由(7.167)和(7.172)式求出:

$$\Delta\omega_{\max} = \frac{c}{2n} M\alpha \tag{7.173}$$

$$\Delta\omega_{\min} = -\frac{c}{2n}M\alpha \tag{7.174}$$

由(7.173)和(7.174)式得到锁模调谐范围:

$$\Delta\omega_{\text{turn}} = \Delta\omega_{\max} - \Delta x_{\min} = \frac{c}{n}M\alpha \tag{7.175}$$

由(7.166), (7.168)和(7.170)式求出:

$$g = \frac{\alpha}{1 + M\cos\phi} \tag{7.176}$$

当 $\phi = \pm 2m\pi, m = 0,1,2,\cdots$ 时,由(7.176)式求出:

$$g_{\min} = \frac{\alpha}{1 + M} \tag{7.177}$$

当 $\phi = \pm 2(m+1)\pi, m = 0,1,2,\cdots$ 时,由(7.176)式求出:

$$g_{\max} = \frac{\alpha}{1 - M} \tag{7.178}$$

(7.177)和(7.178)式分别表示同步锁模和异步锁模. (6.26)式表明,对于给定的 N_j,g 越小 S 越大. 因此,在给定的注入电流下,同步锁模时器件的输出功率最大,异步锁模时器件的输出功率最小.

7.4.2 外腔反馈锁模

在外腔激光器内,注入的光波就是外腔反馈的光波. 令外腔长度为 L_S,则外腔反馈的时延和相移分别是:

$$\tau = \frac{2L_S}{c} \tag{7.179}$$

$$\phi = \omega\tau + \varphi_M \tag{7.180}$$

其中 φ_M 是平面镜或 DBR 的反射相移.

外腔的复振幅反射率是:

$$\widetilde{r_s} = r_2 + \eta t_2^2 r_M e^{-i\phi} + \eta^2 t_2^2 r_M{}^2 r_2 e^{-i\phi} + \cdots \tag{7.181}$$

其中 η 是外腔耦合效率,r_M 是平面镜或 DBR 的振幅反射率.

忽略 η 的高次项,将(24.37)式简化为:

$$\widetilde{r_s} = r_2(1 + Ze^{-i\phi}) \tag{7.182}$$

其中

$$Z = \frac{\eta t_2^2 r_M}{r_2} = \eta(1 - R_2)\sqrt{\frac{R_M}{R_2}} \tag{7.183}$$

R_M 是平面镜或 DBR 的能量反射率.

现在, 我们来求出外腔反馈引入的附加模式增益和调制深度.

根据(5.30)式写出:

$$A_m - G_S = \frac{1}{L}\ln\frac{1}{r_1 r_s} \tag{7.184}$$

其中 G_S 是附加模式增益.

由(7.182)式得到:

$$r_s = r_2(1 + Z) \tag{7.185}$$

代入(7.184)式中求出:

$$A_m - G_S = \frac{1}{L}\ln\frac{1}{r_1 r_2} - \frac{Z}{L} \tag{7.186}$$

由(5.30)和(7.182)式求出:

$$G_S = \frac{Z}{L} \tag{7.187}$$

将(7.183)式代入(7.187)式中求出:

$$G_S = \frac{\eta}{L}(1 - R_2)\sqrt{\frac{R_M}{R_2}} \tag{7.188}$$

根据(7.166), (7.168)和(7.180)式写出:

$$G - A = -G_S\cos(\omega\tau + \varphi_M) \tag{7.189}$$

将(5.32)和(7.188)式代入(7.189)式中求出:

$$G = (A_i + A_m) - \frac{\eta}{L}(1 - R_2)\sqrt{\frac{R_M}{R_2}}\cos(\omega\tau + \varphi_M) \tag{7.190}$$

由该式求出同步锁模条件和最小模式增益：

$$\omega\tau + \varphi_M = \pm 2m\pi, m = 0, 1, 2, \cdots \tag{7.191}$$

$$G_{\min} = (A_i + A_m) - \frac{\eta}{L}(1 - R^2)\sqrt{\frac{R_M}{R_2}} \tag{7.192}$$

同理，异步锁模条件和最大模式增益分别是：

$$\omega\tau + \varphi_M = \pm(2m+1)\pi, m = 0, 1, 2, \cdots \tag{7.193}$$

$$G_{\min} = (A_i + A_m) + \frac{\eta}{L}(1 - R^2)\sqrt{\frac{R_M}{R_2}} \tag{7.194}$$

根据(7.170)式写出调制深度：

$$M = \frac{G_S}{A} \tag{7.195}$$

将(5.32)和(7.188)式代入(7.195)式中求出：

$$M = \frac{\dfrac{\eta}{L}(1 - R_2)\sqrt{\dfrac{R_M}{R_2}}}{A_i + A_m} \tag{7.196}$$

根据(7.175)式写出调谐范围：

$$\Delta\omega_{\text{turn}} = \frac{c}{n}MA \tag{7.197}$$

将(5.32)和(7.196)式代入(7.197)式中求出：

$$\Delta\omega_{\text{turn}} = \frac{c\eta}{nL}(1 - R_2)\sqrt{\frac{R_M}{R_2}} \tag{7.198}$$

7.4.3　激光谱线变窄

由于外腔反馈，根据(6.125)和(6.127)式分别写出：

$$\begin{aligned}
\frac{\mathrm{d}}{\mathrm{d}t}I(t) &= \frac{c}{n}(G - A)I(t) + \frac{c}{n}G_r I(t) \\
&\quad + \frac{c}{n}\tilde{F}(t)I(t)G_s\cos(\omega\tau + \varphi_M)
\end{aligned} \tag{7.199}$$

$$\frac{\mathrm{d}}{\mathrm{d}t}\phi(t) = (\Omega - \omega) + \frac{c}{2n}G_r\delta$$
$$-\frac{c}{2n}\tilde{F}(t)G_s\sin(\omega\tau + \varphi_M) \tag{7.200}$$

其中

$$\tilde{F}(t) = \sqrt{\frac{I(t-\tau)}{I(t)}}\mathrm{e}^{\mathrm{i}[\phi(t)-\phi(t-\tau)]} \tag{7.201}$$

G_r 是模式增益涨落, $\tilde{F}(t)$ 是复振幅变化因子. 后者包含振幅变化和相位变化.

将(7.201)式改写为:

$$\tilde{F} = \sqrt{1 - \frac{\delta I}{I}}\mathrm{e}^{\mathrm{i}\delta\phi} \tag{7.202}$$

其中

$$\delta I = I(t) - I(t-\tau) \tag{7.203}$$

$$\delta\phi = \phi(t) - \phi(t-\tau) \tag{7.204}$$

我们取近似:

$$\sqrt{1 - \frac{\delta I}{I}} = 1 - \frac{\delta I}{2I} = 1 - \frac{\tau}{2I}\frac{\mathrm{d}I}{\mathrm{d}t} \tag{7.205}$$

$$\mathrm{e}^{\mathrm{i}\delta\phi} = 1 + \mathrm{i}\delta\phi = 1 + \mathrm{i}\tau\frac{\mathrm{d}\phi}{\mathrm{d}t} \tag{7.206}$$

将(7.205)和(7.206)式代入(7.202)式中求出:

$$\tilde{F} = 1 - \frac{\tau}{2I}\frac{\mathrm{d}I}{\mathrm{d}t} + \mathrm{i}\tau\frac{\mathrm{d}\phi}{\mathrm{d}t} \tag{7.207}$$

注意, 在该式的右边忽略了二阶小量.

将(7.207)式代入(7.199)和(7.200)式中, 分别得到:

$$\frac{\mathrm{d}I}{\mathrm{d}t} = \frac{c}{n}(G - A)I + \frac{c}{n}G_rI$$
$$+\frac{c}{n}G_SI\cos(\omega\tau + \varphi_M) \tag{7.208}$$
$$-p\frac{\mathrm{d}I}{\mathrm{d}t} - 2Iq\frac{\mathrm{d}\phi}{\mathrm{d}t}$$

$$\frac{\mathrm{d}\phi}{\mathrm{d}t} = (\Omega - \omega) + \frac{c}{2n}G_r\delta$$
$$- \frac{c}{2n}\sin(\omega\tau + \varphi_M) \tag{7.209}$$
$$+ \frac{q}{2I}\frac{\mathrm{d}I}{\mathrm{d}t} - p\frac{\mathrm{d}\phi}{\mathrm{d}t}$$

其中

$$p = \frac{c\tau}{2n}G_s\cos(\omega\tau + \varphi_M) \tag{7.210}$$

$$q = \frac{c\tau}{2n}G_s\sin(\omega\tau + \varphi_M) \tag{7.211}$$

在稳定情况下, 利用(7.166)和(7.167)式, 将(7.208)和(7.209)式分别简化为:

$$(1+p)\frac{\mathrm{d}I}{\mathrm{d}t} + 2Iq\frac{\mathrm{d}\phi}{\mathrm{d}t} = \frac{c}{n}G_rI \tag{7.212}$$

$$(1+p)\frac{\mathrm{d}\phi}{\mathrm{d}t} - \frac{q}{2I}\frac{\mathrm{d}I}{\mathrm{d}t} = \frac{c}{2n}G_r\delta \tag{7.213}$$

由(7.212)和(7.213)式求出:

$$\frac{\Delta\phi}{\mathrm{d}I} = k\frac{\delta}{2I} \tag{7.214}$$

其中

$$k = \frac{1 + p + q/\delta}{1 + p - q\delta} \tag{7.215}$$

由(7.214)式来替代(6.130)式, 可以求出激光谱线的噪声展宽:

$$\Delta\omega_2 = \frac{1}{2}(1 + k^2\delta^2)\frac{N\sigma}{\tau S} \tag{7.216}$$

其中 k^2 是激光谱线宽度变化因子.

注意, (7.216)式中的 τ 是载流子寿命, 而不是外腔反馈的时延.

将(7.210)和(7.211)式代入(7.215)式中求出:

$$k = \frac{1 + \sqrt{1 + \frac{1}{\delta^2}}\,\frac{c\tau}{2n}G_S\cos(\omega\tau + \varphi_M - \varphi_2)}{1 + \sqrt{1 + \delta^2}\,\frac{c\tau}{2n}G_S\cos(\omega\tau + \varphi_M - \varphi_1)} \tag{7.217}$$

其中

$$\varphi_1 = \arctan \delta \tag{7.218}$$

$$\varphi_2 = \arctan \frac{1}{\delta} \tag{7.219}$$

将(7.188)式代入(7.217)式中求出:

$$k = \frac{1 + \sqrt{1 + \dfrac{1}{\delta^2}} \dfrac{c\tau\eta}{2nL} (1 - R_2) \sqrt{\dfrac{R_M}{R_2}} \cos(\omega\tau + \varphi_M - \varphi_2)}{1 + \sqrt{1 + \delta^2} \dfrac{c\tau\eta}{2nL} (1 - R_2) \sqrt{\dfrac{R_M}{R_2}} \cos(\omega\tau + \varphi_M - \varphi_1)} \tag{7.220}$$

显然, 当 $k = 0$ 时, 激光谱线最窄. 由(7.220)式得到激光谱线最窄的条件:

$$1 + \sqrt{1 + \frac{1}{\delta^2}} \frac{c\tau\eta}{2nL} (1 - R^2) \sqrt{\frac{R_M}{R_2}} \cos(\omega\tau + \varphi_M - \varphi_2) = 0 \tag{7.221}$$

若 $\delta^2 \gg 1$, 则该式简化为:

$$1 + \frac{c\tau\eta}{2nL} (1 - R_2) \sqrt{\frac{R_M}{R_2}} \cos(\omega\tau + \varphi_M) = 0 \tag{7.222}$$

(7.179)和(7.222)式表明, 通过选择恰当的 L_S 来改变 τ, 就能够得到最窄的激光谱线.

参 考 文 献

[1] Casey H C, Panish M B. Heterostructure Lasers, Part A, Chap. 2, 3. New York: Academic Press, 1978.

[2] Agrawal G P, Dutta N K. Long-wavelength Semiconductor Lasers, Chap. 2, 7, 9. New York: Van Nostrand Reinhold, 1986.

[3] Thompson G H B. Physics of Semiconductor Laser Devices, Appen 1. New York: John Wiley & Sons, 1980.

[4] Asada M, Kameyama A, Suematsu Y. IEEE J. Quantum Electron, 1984, 20: 745.

[5] Iga K, Koyama F. IEEE J. Quantum Electron., 1988, 24, 1844.

[6] 伊贺健一, 小山二三夫. 面发射激光器基础与应用, 第1,2章. 郑军, 译. 北京:科学出版社, 共立出版, 2002.

[7] 栖原敏明. 半导体激光器基础, 第4,6章. 周南生, 译. 北京: 科学出版社, 共立出版, 2002.

[8] 吴群. 工学博士学位论文, 第2章. 北京: 清华大学, 1988.

[9] 国分泰雄. 光波工程, 第3,7章. 王友功, 译. 北京: 科学出版社, 共立出版, 2002.

[10] Suematsu Y, Adams A R. Handbook of Semiconductor Lasers and Photonic Integrated Circuits, Chap. 2, 10. London: Chapman & Hall, 1994.